FAO中文出版计划项目丛书

山地耕作系统：未来的种子

——可持续农业实践促进有恢复力的山地生计

联合国粮食及农业组织　编著

宋雨星　逯汉宁　梁晶晶　等　译

中国农业出版社
联合国粮食及农业组织
2023·北京

引用格式要求：

粮农组织。2023。《山地耕作系统：未来的种子——可持续农业实践促进有恢复力的山地生计》。中国北京，中国农业出版社。https://doi.org/10.4060/cb5349zh

ISBN 978-92-5-138324-7（粮农组织）
ISBN 978-7-109-31859-5（中国农业出版社）

© 粮农组织，2021年（英文版）
© 粮农组织，2023年（中文版）

FAO中文出版计划项目丛书

指 导 委 员 会

FOREWORD |前　言|

农业生产和粮食加工是许多山区的重要经济和发展的推动因素，是山地地形、文化和社会的基本体现。

然而，世界上大多数山区农村人口无法安全地获取食物，无法保证健康生活所需的每日热量和蛋白质：据估计，发展中国家农村地区每两个山区居民中就有一个面临粮食不安全的风险。

发展中国家10亿山区居民中，持续存在、频繁发生的粮食不安全问题令人担忧，阻碍了可持续发展目标2——零饥饿的实现。

编制本书的目的是提高人们对山地农业应用可持续生产实践重要性的认识，加速实现《2030年可持续发展议程》。作为联合国粮食及农业组织（FAO）、山地伙伴关系秘书处（MPS）、瑞士联邦农业办公室和意大利发展合作署的联合倡议，本书还旨在为2021年具有里程碑意义的联合国粮食体系峰会做出贡献。

应用可持续的实践方法为山地农业提供了平衡经济发展与文化和环境保护的机会。利用生态农业方法改善山区人民的生活和创造环境效益方面的潜力得到了特别的关注。这些环境效益包括保护生物多样性，提高对极端事件的抵抗力，以及对生活在偏远地区的高原人口和低地人口的水资源管理。生态农业方法也可以帮助解决因新冠疫情所暴露的粮食体系的脆弱性，并且在新冠疫情之后"重建得更好"。

本书中介绍的案例清楚地表明，通过生产具有高市场价值的高质量山地产品，可以增加山区的收入，从而创造了赋能的机会，特别是对妇女而言。这些案例研究还强调，在制度层面上需要有专门针对和支持山区居民生产系统和收入的政策、投资和合作。

在不同农业气候条件下发展起来的山地耕作系统，山地通常地形不好，不适合种植密集型高产作物——往往保持着高度多样化的作物和家畜遗传基础。本书中，山地农业的可持续发展方法多种多样，内容丰富，充满活力，农民、研究人员、从业人员和政策制定者正在测试、应用和推广创新和传统的耕作方法。这些做法旨在保护生物多样性，提高资源效率，提高恢复力，促进社会公平，同时提高山区的生计。

山地耕作系统的潜力是吸引年轻人回到农业和以食物为基础的生计的关键，也是确保健康的山地生态系统能够继续提供其基本服务的关键。我们的组织坚定地致力于山地的可持续发展。我们希望这本书能够鼓励其他人与我们一起，为未来的可持续山地农业和可持续粮食体系提供政治支持和投资。

François Pythoud
国际可持续农业特使
瑞士联邦农业办公室

Mette Løyche Wilkie
林业部主任
联合国粮食及农业组织

ACKNOWLEDGEMENTS |致　谢|

本书是山地伙伴关系成员集体协作的成果。我们要感谢所有收到的个别案例研究的作者（详细名单见附录），是他们与我们合作出版了此书。

我们要感谢Svea Senesie（粮农组织）、Clelia Maria Puzzo（粮农组织）、Abram J. Bicksler（粮农组织）、Emma Siliprandi（粮农组织）、Mahmoud el Solh（世界粮食安全委员会）和Patricia Flores（国际有机农业联盟）做出的贡献。

我们感谢审稿人Surendra Raj Joshi（国际山地综合发展中心）、Sam Kanyamibwa（艾伯丁裂谷保护协会）、Thomas Kohler（发展和环境中心）、Xuan Li（粮农组织亚洲及太平洋区域办事处）、François Pythoud（瑞士联邦农业办公室）和Laura Russo（山地伙伴关系秘书处/粮农组织）的意见，他们的意见有助于改进文本。

我们还要感谢Samantha Abear（山地伙伴关系秘书处/粮农组织）选取的照片。

编辑：Rosalaura Romeo（山地伙伴关系秘书处/粮农组织）、Sara Manuelli（山地伙伴关系秘书处/粮农组织）、Michelle Geringer（山地伙伴关系秘书处/粮农组织）以及Valeria Barchiesi（山地伙伴关系秘书处/粮农组织）。

概念：山地伙伴关系秘书处/粮农组织

版面设计：Roberto Cenciarelli

编辑：Clare Anne Pedrick

校对：James Varah

缩略语 | ACRONYMS

CO₂-eq	二氧化碳当量	MPS	山地伙伴关系秘书处
CIP	国际马铃薯中心	NGO	非政府组织
DFF	家庭农业十年	NUS	受忽视和未充分利用物种
FAO	联合国粮食及农业组织		
FFF	森林与农场基金	PGI	地理标志保护
FFPO	森林和农场生产者组织	POP	一揽子实践
FOD Bio-KG	吉尔吉斯斯坦的有机发展联合会	PGS	参与式保障体系
		PKVY	传统农业发展计划 (Paramparagat Krishi Vikas Yojana)
FSF	未来智慧食物		
GEF	全球环境基金		
GHG	温室气体	SDG	联合国可持续发展目标
GIAHS	全球重要农业文化遗产系统	TEBTEBBA	土著人民国际政策研究和教育中心
ICIMOD	国际山地综合发展中心	TMI	高山研究所
ICRAF	国际农用林业研究中心	UNEP	联合国环境规划署
LEK	地方性生态知识	UNWTO	联合国世界旅游组织
MAP	药用和芳香植物	VNFU	越南全国农民联合会
MP	山地伙伴关系	WNEP	野生和非栽培食用植物
MPP	山地伙伴关系产品		

EXECUTIVE SUMMARY |执行概要|

山区约占地球陆地表面的27%，分布在各大洲。农业是山区的主要经济活动，也是山区景观、人们的文化和社会生活的基本体现。

山地耕作系统具有促进山区可持续发展和推动实现多个可持续发展目标的潜力，特别是减少农村贫困、实现零饥饿、减少性别不平等、确保水供应和可持续管理以及保护关键陆地生态系统的目标。

山地地区在作物种植、畜牧业生产、集水、林业和农用林业方面形成了宝贵的传统知识和做法，这些知识和做法很好地适应自然生态系统和生物循环。但人口结构的变化、消费趋势的转变和农产品市场的变化以及气候变化的影响正在改变山地传统耕作方式。这些变化可能创造机会，但也可能对山区居民的生计和山地生态系统产生负面影响。

本书介绍了由世界各地的山地伙伴关系（MP）成员提供的案例研究，强调了山地农业生态耕作系统的经验。本书旨在提高人们对生态农业原则和方法及其潜力的关注。山地伙伴关系组织是联合国唯一致力于山地可持续发展的全球志愿联盟，致力于促进能够提高山区人民和环境恢复力的行动。

在山区，生态农业实践可以令农业和粮食体系恢复力增强。多样性是生态农业的一个基本要素，它保障了农场和市场层面的恢复力、生态系统功能和生产力。生态农业对人类健康和营养至关重要，因为它包含了针对具体情况的方法、有机实践、农用林业和生态文化。

这里介绍的许多项目和活动的共同主题是以人为本的研究方法，指出知识交流的重要性，鼓励提高社区意识，加强地方倡议，建立山地农业和粮食体系联盟和促进共享经济。

山地农产品满足了当今消费者的许多需求，他们往往寻求健康、有机的传统产品。同时山地农产品讲述了它们背后的地区故事。通过缩短价值链、增加品种多样化、保护传统品种以及改进营销方式和标签，价值链更加有效和可持续，为山地农业提供了机会。在饮食文化和社会价值突出的地区，农业旅游、生态旅游和社区旅游也是山地农业发展的重要机会。

本书所展示的经验表明，"生态农业10要素"与山地农业系统高度相关。这些要素是：

- **多样性**（1），改善山区土壤健康和生产力，也有助于加强营养和人类健康以及市场多样化，最终建立恢复力。
- **共同创造和分享知识过程**（2），融合传统和本土的山区知识，以及生产者和商人的实用知识及全球科学知识。
- 有助于提高整个粮食体系关键功能的**协同作用**（3），在山区尤为重要，因为那里的生态系统很脆弱，农业与自然之间的和谐至关重要，生物多样性丰富的耕作新体系（包括种养结合和种植高价值作物）等也更加突出了其他要素，如**效率**（4）、**循环**（5）和**恢复力**（6）。
- **人类和社会价值**（7）以及**文化和饮食传统**（8），有助于促进文化保护和山地旅游业的可持续发展，让人们对山区形成强烈的归属感，保护山区传统的观念。
- **负责任的治理**（9）以及**循环和共享经济**（10），这些都是改善山区经济的潜在方法，因为山区经济缺乏投资，缺乏获得基础设施和进入市场的途径，也缺乏有组织的支持。

山区的粮食安全是一个值得关注的问题，因为目前关于受粮食不安全影响程度的数据（Romeo 等，2020）显示，据估计，发展中国家一半的山区农村居民每日可获得的热量和蛋白质低于健康生活所需的最低标准。

通过实施有利于山区的恰当的协同政策、鼓励投资、开展能力建设、提供服务和基础设施，以及为小农和家庭农场主提供创新机会，山地耕作系统有可能成为引起变革的重要途径。这样一来，它们可以向可持续粮食体系的过渡提供宝贵的支持和动力，有助于青年振兴农村地区，令山区人民摆脱贫困和饥饿，在未来保护脆弱的山地环境。

INTRODUCTION | 简　介 |

Rosalaura Romeo、Sara Manuelli、Michelle Geringer 和 Valeria Barchiesi

地球上大约27%的陆地表面被山脉覆盖。在世界各地的山区，农业已经嵌入到该地区景观文化和社会中，对山地地区的生存至关重要。

山地农业通常是以家庭为单位。海拔变化和地形差异塑造了众多农业生态区，因此山区的农作物和家畜往往品种繁多。山区居民对自然有着深深的敬意，同时对自然有着全面的看法，因此，他们小心翼翼地管理着他们周围经常稀缺的自然资源。

然而，近年来，山区的粮食安全问题一直令人担忧。根据目前关于受粮食不安全影响程度的数据估计，发展中国家一半的山区农村居民每日可获得的热量和蛋白质低于健康生活所需的最低标准（Romeo等，2020）。

生态农业是促进运作良好和可持续的农业和粮食体系的基础。生态农业实践包括有机耕作、生态文化和农用林业。生态农业可以包括多种可持续的解决方案，不仅在种植阶段应用以本地情况为基础的实践方法，还在包括粮食加工、营销和分销在内的粮食体系中广泛应用。生态农业和山地耕作的关键因素是多样性，多样性能确保生态系统功能、生产力、恢复力和市场多样化，并有助于人类的营养和健康。

生态农业基于一种综合方法，将生态学和社会概念及原则同时应用于农业和粮食体系的设计和管理，将人直接置于粮食体系的中心（高级别专家组，2019）。以农业和粮食体系的农业生态过程为科学依据，生态农业提供以知识共享和创新为基础的整体和长期解决方案，将地方知识、传统知识、本土知识和实践知识与多种学科相结合（粮农组织，2019a）。

家庭农民，包括小农生产者、原住民和牧民，是生态农业的核心。本书汇编了山地可持续农业的经验，通过山地伙伴关系（MP）成员提供的案例研究，介绍了世界各地的生态农业系统案例。这些案例强调了一系列山地粮食体系的项目、研究、经验和教训，提供了不同利益相关者对山地农业的机遇和挑战的看法，并特别关注有助于保护当地农业生物多样性和增强山地人民对环境和经济变化的适应能力的做法。

从书中记录的经验得到的信息是，由于消费和市场的转变，以及气候和人口变化的影响，传统的山地耕作方法已经发生了变化。造成的后果对山地和生态系统来说，既是机遇，也是风险。新型冠状病毒感染放大了山地粮食体系当前所面临的挑战，这表现为粮食供应链中断、许多发展中国家的粮食短缺和更多人遭受严重粮食不安全（粮食安全信息网络，2020；国际山地综合发展中心，2020）。

为了应对人类活动和全球变化带来的越来越多的挑战，需要在各级制定有效和具体的山地政策和协调干预措施，保护从高地到低地支持人类福祉的自然资源，最终"保证山地生态系统的保护"（联合国可持续发展目标15.4）。我们可以在山区获得灵感和创新力，实现更可持续和繁荣的未来。

CONTENTS |目　录|

尼泊尔格尔纳利省（Karnali Province）加利果德（Kalikot）山地农业
©Geeta Pandey

1

山地农业系统对可持续
发展的重要性

山地农业系统对可持续发展的重要性

Rosalaura Romeo、Sara Manuelli、Michelle Geringer 和 Valeria Barchiesi

几个世纪以来，山地农业塑造了我们如今看到的高原景观。山地地区[①]往往环境恶劣，地处偏远，容易受到自然灾害的影响。为了应对这些问题，山地地区在作物种植、牲畜养殖、蓄水、林业和及复合农林业保护等方面形成了宝贵的传统知识和做法，这些知识和做法很好地适应了自然生态系统的生化循环。

农业是山地景观和文化的重要元素，为高地和低地环境提供关键的生态系统服务。《阿尔卑斯公约（2017）》将山地农业描述为向居民供应食物、生产典型的营养产品和高质量产品、保护和维持文化景观（包括旅游业）以及保护土壤免受侵蚀、雪崩和洪水影响的重要资源。

山地是重要的生态系统，为全球提供商品和服务。由于它们在维持淡水储备方面的重要作用，它们通常被称为世界的"水塔"，而且由于其多样的地形、大幅度的环境梯度和气候条件，它们拥有独特的生态系统。

山区占地球陆地表面超过四分之一，山地居民有11亿人，约占世界人口的15%。

世界上超过90%的山区居民生活在发展中国家，包括6.48亿农村人口，其中绝大多数人生活在贫困线以下，每两个人中就有一个面临粮食不安全的威胁。2017年，发展中国家易受粮食不安全影响的山区农村人口数量约为3.46亿人，比2012年预估的3亿人增加了4 000万人。

山地拥有丰富多样的生态系统和遗传多样性。供应世界80%食物的20种植物中，有6种（苹果、大麦、玉米、马铃薯、高粱和番茄）起源于山地，很大一部分家养哺乳动物（绵羊、山羊、牦牛、骆驼和羊驼）起源于山地，或是在山地地区品种得以增加。

全球生物多样性热点地区中有50%位于山区（34个地区中有17个）。这些地区对地球上的陆地生物多样性做出了巨大贡献，被确定为

---

① 联合国环境规划署世界保护监测中心对山地的定义：www.fao.org/mountain-partnership/about/definitions/en/

关键生物多样性地区的土地中约有30%位于山区。山区物种因其对不同气候的偏好而共存，并具有高度的遗传多样性，这是适应新环境的先决条件。

资料来源：Fleury，1999；联合国环境规划署世界保护监测中心，2002；Chape等，2008；Körner和Paulsen，2004；Rahbek等，2019；联合国环境规划署等，2020；Romeo等，2020。

在许多山区，农业和粮食体系是促进经济发展的关键因素，为本地市场和城市市场提供产品作为收入来源，特别是在发展中国家大量劳动力受雇于农业的情况下。

传统的山地农业系统适应当地情况的方式是通过复杂的农业技术，比如梯田耕作使得在山区耕作成为可能，让农民能够提高土地生产力。这些农业技术在维持整个生态系统方面发挥了作用，因为耕作有助于稳定土地，减少土壤侵蚀，防止营养物质的流失。

根据不同的气候条件、坡度和海拔高度，山地地区形成了一系列的山地耕作系统。它们可以大致分类如下（El Solh，2019）：

- **畜牧业生产系统**：一种以放牧为主的生产系统，牲畜以自然植被和牧场植被为食，包括草、豆科植物、灌木和其他植被，这些植被全年都可作为饲料。

- **农牧业牲畜系统**：作物-牲畜-牧场生产综合系统，包括不同类型的牲畜、天然牧场和各种田间作物，如大麦、饲料作物、灌木和其他植被以及田间作物的副产品。

- **雨养农业生产系统**：在热带地区，在雨季降雨量超过400毫米的地区会形成雨养农业，非热带地区也是如此。在世界范围内，雨养农业经常被作为保护性农业的一种方式，即最小的土壤扰动或零耕作、留茬和作物轮作。在雨养农业生产系统中，保持土壤水分和减少土壤侵蚀对保护土壤生产力的可持续性、防止水土流失至关重要。

- **灌溉农业生产系统**：这种系统在干旱和半干旱的山区实行，那里的年降雨量少于350毫米。灌溉水来自深层自流井、河流的地表水，或在宏微观集水区和水坝中收集的雨水。使用山地灌溉农业生产系统的农民为保证粮食安全，倾向于生产多样化作物，比如种植高价值作物，如蔬菜、果树和观赏植物等。

- **林业系统或复合农业系统**：山区生计的重要来源，提供基本的环境产品和服务，如木材、薪材、碳储存和其他产品，改善山区居民的生活。

由于气候、土壤、海拔和坡度的变化，山区为农业提供了独特的机会，令生物多样性大大增加，在物种的丰富程度和动植物地方特殊性上体现了丰富的生物多样性。由于农业生物多样性是全球粮食安全的基础，山地农业生物多样性应被视为大自然的保险系统。

总的来说，与低地农业相比，山地农业的特点是地块更小、更分散，而且一般采用的是耗时和劳动密集型的耕作和放牧方式。例如，在兴都库什-喜马拉雅山脉，每户家庭拥有的土地通常不到1公顷（Wester 等，2019）。山区生计方式高度多样化，是农业、手工业、旅游业和贸易的融合，在从业人群中有的是全职，有的是兼职。

与平原地区的农业相比，山区的农业气候特征对农业有许多影响。山区农业气候特征导致山地农业生产力低下、经济规模小，在种植单一作物、作物抗寒性和实施综合耕作体系方面产生限制，同时也为生产山区特色产品和淡季水果创造了机会（粮农组织，2019b）。普遍缺乏投资加剧了山地农业的劣势，同时也未能发挥其优势。

在世界范围内，山地农业在人口增长、快速城市化和气候变化的压力下正在发生变化。外迁和放弃土地是影响传统山地农业系统的最明显的趋势之一。在许多农村山区，如热带安第斯山脉和兴都库什-喜马拉雅山脉，男性向城市地区移居是很常见的，其结果是农业的责任落在妇女身上，增加了她们的工作量。妇女从事农业方面的工作往往比男性面临更多障碍，包括获得土地和资金的机会较少，缺乏决策权和对中间人的高度依赖（Bachmann 等，2019）。在发展中国家的一些地区，城市对农田的侵占是农业生产力下降的主要原因之一。在许多山区，综合山地农业系统正在转向高投入、高产量的农业生产模式，这往往对自然资源和生物多样性造成破坏性影响。

山地农业，无论是作为生计还是商业活动，都与水的供应尤其相关。气候变化将会影响水的供应，从而对农业活动产生影响。据预测，与气候有关的变化将导致灌溉用水减少，同时发生洪水和干旱等极端天气事件的风险增加（联合国政府间气候变化专门委员会，2019）。此类事件将对作物产量产生负面影响，令适合种植的土地减少。近年来，一些山地农作物灌溉用水减少，作物产量随之下降。山地融水在旱季对农业和其他人类活动需求至关重要（Biemans 等，2019）。据估计，山区受与水有关的气候和社会经济变化影响的程度可能对生活在全球山区或在山区下游的19亿人产生负面影响（Immerzeel 等，2020）。

在联合国《2030年可持续发展议程》和联合国可持续发展目标（SDG）的框架下，山地农业具有促进山地可持续发展、加强山地地区和生态系统恢复力的潜力。山地农业有助于实现以下可持续发展目标：

SDG 1-无贫穷

大约有10亿人生活在发展中国家的山区。其中，约有6.48亿人生活在农村地区，那里的贫困现象十分普遍，其贫困发生率往往高于周围的低地地区。山地农业是山区居民通过生态旅游和销售特产获得收入的一个来源。

SDG 2-零饥饿

山区很容易受粮食不安全的影响。据估计，生活在发展中国家农村地区的每两个山区居民中就有一个易受到粮食不安全的影响。世界上的大多数山脉是原住民和当地居民的家园，他们的生计策略、粮食体系和文化特性与山区环境有着千丝万缕的联系。山区是植物驯化的重要中心，也是当地品种的储存地，是全球基因库，对营养改善、饮食多样性和质量至关重要。为山地农业提供支持的相应政策和投资可以增加粮食生产，促进山区人民的粮食安全。

SDG 3-良好健康与福祉

贫困以及粮食和医疗设施的匮乏威胁着许多山区居民的健康。山区居民用水质量高度依赖于山区水源和通过耕作方式进行的水资源管理。山地农业非常适合生产各种水果、坚果、蔬菜、牲畜和副产品以及其他高价值产品（其中大部分可能是未来智慧食物），这些产品可以促进充足、营养和安全的粮食的供应，解决山区的粮食短缺问题。

SDG 5-性别平等

山区女性农民往往对自然资源管理、农业生产以及家庭的福祉和生存负有主要责任。男性长期或季节性外迁，导致山区农业妇女的责任和工作量增加。实现山地农业的性别平等需要有针对性的干预措施，来增加妇女获得投入品和资源的机会，并消除对妇女和女童的歧视。

SDG 6-清洁饮水和卫生设施

这项可持续发展目标旨在保护和恢复与水有关的生态系统，包括山区、森林、湿地、河流、含水层和湖泊。山区冰川正在消退，而森林砍伐和不可持续的经济活动令有些山区在获得清洁水源方面越来越困难。山地农业可以通过适当的耕作和水管理方法，为维持高地和低地的高水质做出贡献。

SDG 8-体面工作和经济增长

山区可以极大地促进经济发展，同时也有助于保护自然遗产。许多经济部门都以山区服务和产品为基础，包括旅游业、林业、农业、生物多样性保护、牧业和制药业来促进经济发展。

山地产品和农业旅游为小农户创造收入，改善当地经济。生产者组织通过营销和分销技术的培训，以及提升市场准入，其在包容性经济增长方面具有强大的潜力。

SDG 12-负责任消费和生产

在有些地区，环境资源的过度开采或环境恶化是山地农业面临的挑战，而在另一些地区，山地农业对提高资源效率、减少废弃物以及维持较低碳足迹方面做出了巨大贡献。山区在可持续生产实践和农业生物多样性保护方面处于领先地位。山区旅游让消费者了解农业生物多样性产品的营养价值，聚焦国内价值链，确保生产者和消费者之间的透明度和信任度，并对初级生产者进行合理的补偿，以此促进可持续的粮食体系及负责任的生产和消费。

SDG 13-气候行动

山区能较早反映气候变化。山区土壤和草地也是良好的碳储存库。山地农业主要依靠雨水灌溉，几乎没有农田储水或灌溉能力，受气候变化影响强烈，山区人口也是如此。山地农业有可能通过生计的多样化和气候适应的做法（如推广具有气候适应性、经济上可行、可在当地获得或适应的作物和家畜）来建立山区居民的恢复力。

SDG 15-陆地生物

　　山地农业是山区景观、文化和社会的基本要素。良好的山地农业实践加强了山区在保护、恢复和可持续利用陆地和内陆淡水生态系统及其服务方面的作用。可持续发展目标的具体目标15.4是山地可持续发展的基础，它寻求到2030年实现"确保对山地生态系统的保护，包括对其生物多样性的保护，以提高为可持续发展带来重要益处的能力"。

SDG 17-促进目标实现的伙伴关系

　　山地伙伴关系是联合国合作伙伴的自愿联盟，致力于改善山区居民的生活和保护世界各地的山区环境。目前，400多个政府、政府间组织、主要团体［如民间社会、非政府组织（NGOs）和私营部门］和地方政府是其成员。山地伙伴关系将成员聚集在一起，为同一个目标而努力：改善全世界山区居民的生活、保护山区环境。

高山上的吉尔吉斯斯坦社区
©Kuluipa Akmatova

2

从山地可持续农业的
经验中得到的主要启示

从山地可持续农业的经验中得到的主要启示

Rosalaura Romeo、Sara Manuelli、Michelle Geringer 和 Valeria Barchiesi

　　山地合作伙伴提供的山地耕作系统和农业生态实践的案例表明，山地农业在平衡恢复力、改善生计和促进经济发展方面具有潜力。

　　山区农民地处偏远、缺乏资金，农药的使用往往受限，从而促进了有机耕作。此外，以家庭为单位的小规模高地农场，即使还不是有机农场，与大规模的平原地区相比，也具有更大潜力转向有机耕作方式，更容易恢复有机做法（Wymann von Dach 等，2013）。就生产系统和生产活动而言，多样性可以作为实现环境和社会经济恢复力的途径，可作为一种生计策略加以考虑和应用。参与式保障体系（PGS）是很有前景的工具，可以帮助山区农民提高价值链的公平性，并将生产者和消费者联系在一起。作为有效的认证体系，该体系强调了山地产品透明交易和地区参与的重要性。世界上38%的山区居民生活在城市地区，城市园艺以及生态市场可以吸引当地居民，拉近消费者和生产者之间的距离，同时小块土地的生产力也可以提高。

　　在本书介绍的实践中，许多项目和倡议的核心是山区人民的生计，这些项目的共同特点是采用了鲜明的以人为本的方法。文化上适宜的粮食体系与粮

尼泊尔卡纳里省（Karnali）的梯田农业
©Ashim Poudel

食安全、营养和生态系统健康密切相关，因此是许多案例研究的关键部分。文化认同塑造了山地景观和耕作实践，反过来又能激发生态农业解决方案的产出。在许多案例研究中，人类和社会价值、文化和饮食传统之间的深刻联系体现了人们对山区的强烈归属感，在发展可持续旅游方面具有很大的潜力。在以饮食文化和社会价值为突出特点的地区，地区主导的旅游和各种各样的活动是重要的发展机会。

下面总结了从案例研究中获得的主要经验：

知识交流	保护农业生物多样性，提高恢复力
传统知识和创新的结合、科学研究和地区行动的结合，是成功经验的关键。示范点（尼泊尔）、低成本技术和当地材料的使用、对社会环境的理解（吉尔吉斯斯坦、秘鲁），都是通过公私合作和多方参与的方式，这些方式对确保政策和项目可持续性至关重要。	农业生物多样性是降低生产风险的一种方式，通过同一物种的多个品种，农民可以使收成尽可能不受影响。山区的生产通常是分散的，而且品种繁多，这给大量生产带来了挑战，但也有恢复力较强的好处。农业生物多样性对于提高水资源效率（尼泊尔）、抵御气候变化（巴拿马）和减少温室气体（瑞士）至关重要。农业生物多样性还有助于改善营养和粮食安全，适应小规模耕作，还可为生态系统服务。

减少投入，增加产出

对于实现山地可持续发展来说，高效率生产、自然资源管理，避免浪费以及保护本土品种是关键（印度、坦桑尼亚）。梯田耕作和永续农业原则，如雨水收集、灰水收集、地膜覆盖和树木种植，使得人们在不利土地条件下进行耕作成为可能，提升了稀缺资源的有效利用。农场被看做是生态系统中的有机体（尼泊尔）。

提高产品价值

提高特色产品的价值可让农民获得公平的价格，提升人们对本土作物认可度，提升对鲜为人知的野生食用植物的营养和气候适应性价值认可（玻利维亚、葡萄牙、坦桑尼亚联合共和国）。产品认证和产品差异化系统以公开透明的方式展示出产品的质量和多样性（印度）。当地的本土品牌可以激发人们对当地作物和文化遗产的兴趣，这有助于保护重要的传统作物、生产技术和消费仪式，并增加有机生产（瑞士）。

鼓励共同体意识

社会因素在共同创造知识、支持其他农民、分享技术专长和重新建立人类与环境之间的联系方面发挥着关键的作用。社会交流是重建消费者与生产者之间的联系以及消费者与公民之间联系的根本。城市花园可以培养新的共同体意识，令饮食更健康、食品更充足（玻利维亚）。山区可以促进强烈集体精神的培养、实现居民的自给自足和团结一致，同时还可以激励其他人（葡萄牙）。人们发现，山区的农民天生喜欢互动和相互帮助，以防止个人主义和竞争的出现（意大利）。

共享经济

生产者和消费者在情感层面上建立联系，了解粮食生产的风险，可以创造出包容和团结的经济（秘鲁）。生产者和消费者对可持续生产和对营养导向型产品的认识正在提高。这是一个相互作用的过程，有机市场鼓励有机生产者的发展，这些有机生产者与其他农民团体产生联系，从而提高可持续生产（印度、泰国）。

加强地方举措

政治支持是农业研究和基础设施发展的根本。最佳做法可以作为示范，推动法规向前发展（玻利维亚）。在线决策工具可以根据农民的个人需求提出定制化建议（中国）。例如，为家庭农业建立管理机构和特别基金，加强家庭农民组织，实施农业旅游战略，建设商业化基础设施，通过技术提升信息的获取能力（巴拿马）。

建立联盟

山区农民为满足市场需求而提供大量产品的能力非常有限，但他们可以团结起来做到这一点，共同增加有机生产（吉尔吉斯斯坦）。社区农业和共同协作的市场战略可以扭转移民潮，令该地区更具吸引力。各个层面的合作是项目可持续性的基础，地方生产者协会和机构与国家或地区一样重要（罗马尼亚）。建立联盟可以提升参与规模，将农民与企业和市场联系起来，令有机生产多样化，同时可将可持续发展作为优先事项（越南）。跨界合作也充满机遇，例如，通过协同研究将小豆蔻作为一种区域产品加以推广，通过技术交流提高产量、建立有组织的市场和基础设施并制定相匹配的区域政策（尼泊尔）。

联合行动

用多尺度、多重目标的方法，整合政治、社会和生态因素，是保证联合行动有效开展的基础（秘鲁）。例如，使用可再生能源可以缓解自然资源的压力，同时节省资金（尼泊尔、塞拉利昂）。有机农业和生态农业表明，实现多个互补的目标是可能的：粮食安全和体面就业可能与流域的水安全（巴拿马）以及增强生物多样性和对妇女作用的认可（坦桑尼亚）有关。地理认证和土地价值提升的好处是多层面的，可以同时实现几个目标，有助于调动资源、确定优先事项和游说政府支持（葡萄牙、坦桑尼亚）。

以人为本的行动

只有通过与人合作，并且这些人做好实施的准备，才能找到环境和贫困相关问题的解决方案（摩洛哥）。干预措施必须适应人们的需求和文化信仰及传统。科学顾问的作用至关重要，他们在不同部门、不同机构（意大利）或者不同知识领域间搭建桥梁。支持当地合作伙伴，培训当地工作人员作为主要实施者，是保持计划人员数量少、成本效益高的成功方法，同时将影响范围扩大到偏远社区，确保项目的长期可持续性（尼泊尔）。社区需要被赋予自主领导权；当地人和原住民必须参与保护，因为他们既是资源的守护者，也是资源的使用者（秘鲁、菲律宾）。农场家庭资源影响着追求不同生计战略的能力；针对具体情况的以人为本的政策是实现可持续性的途径。

妇女赋权

尽管妇女工作负担最重、遭受营养不良，但往往因为她们拥有宝贵的本土和传统知识，管理着多样化的本土种子，采取适应力强的耕作方法，所以她们在山地农业中发挥积极作用至关重要。如果妇女的意识得到提高，她们的基础作用得到承认，她们就可以成为重要的促进者，让其他妇女参与进来，激励她们，帮助改善粮食安全和营养状况（亚美尼亚、玻利维亚）。

13

意大利拉蒙菜豆种植
©拉蒙菜豆保护联盟（Consorzio per la Tutela del Fagiolo di Lamon）

3

保护农业生物多样性及
增强生态系统恢复力

生态农业作为保护农业生物多样性及增强生态系统恢复力的工具

Abram J. Bicksler 和 Emma Siliprandi

生态农业是一种综合的、动态的方法，作为促进粮食体系转型的一种方式加以推广（专家组，2019）。粮农组织制定了生态农业十要素（图1），可为决策者、从业者和利益相关者规划、管理和评估生态农业转型提供指南。

图1　生态农业十要素

资料来源：粮农组织，2019a；由山地伙伴关系秘书处改编。

这十个要素可作为分析框架，确定山地社区面临的挑战，包括生态系统退化、土壤侵蚀、土壤健康、低生产力、缺乏进入市场机会、气候变化恢复力、文化侵蚀和有限的技术知识等方面。应用该框架可以让实施人员识别哪些要素在农业系统中表现良好或差强人意，确定如何加强农业系统在社会、环境和经济方面的可持续性。值得一提的是，这些要素之间相互联系、相互依存，为整体思考系统提供了不同的切入点（巴里奥斯等，2020）。还应注意，生态农业并不局限于生产，而是贯穿整个可持续发展层面的粮食体系。

与山地农业一样，生态农业展现农业和粮食体系整体，强调人在塑造体系转变方式中的核心作用。

意大利抵御拉蒙菜豆病毒维持产量并保护农业生物多样性

Tiziana Penco、Paolo Ermacora 和 Carlo Murer

　　拉蒙菜豆（*Phaseolus vulgaris* L.）经常受到病毒性流行病的侵袭，造成严重减产。在病毒无法治愈，且目前培育的生态型菜豆缺乏遗传抗性的背景下，抗性菜豆（*FaLaRes*）项目旨在田间高感染率条件下选育出对病毒表现出抗性或耐受性的植株。通过持续筛选，在项目中期有望选择出耐受性或抗性生态型豆株。农民将获得健康的种子，这些种子培育自与病原体"引导协同进化"过程，因此具有更强的适应性。

意大利种植的拉蒙菜豆
©拉蒙菜豆保护联盟（Consorzio per la Tutela del Fagiolo di Lamon）

拉蒙菜豆保护联盟是一个非营利性的生产者协会，成立于1993年，总部设在拉蒙村，包括意大利北部贝卢诺省（威尼托大区）的各市镇。

联盟成员包括约100个农民，菜豆总种植面积为13公顷，每年生产16 000千克具有地理标志保护（PGI）的拉蒙菜豆。拉蒙地区的菜豆于1996年获得地理标志保护认证，这项认证意味着全程可追溯，产品特性获得认可，并且具有良好的市场经济价值。该联盟的目标是：

- 提供农艺方面的技术援助；
- 确保向联盟农民生产和提供质量合格的种子；
- 保护和管理拉蒙菜豆品牌的使用，打击假冒伪劣产品；
- 在意大利和国外宣传拉蒙菜豆并组织宣介活动；
- 激励研究和创新项目，以确保豆类可持续生产。

近年来，反复出现的病毒性流行病影响了地理标志产品拉蒙菜豆的生产，导致2012年菜豆颗粒无收。由于前一年保存了大量的种子，拉蒙菜豆的种植数量得以保障。豆类花叶病毒和黄瓜花叶病毒这两种病毒都是通过种子和蚜虫传播到下一代。

经验表明，大量使用化学杀虫剂来控制蚜虫并不能有效防止病毒的传播，使用无病毒种子也不能控制疾病的传播。由于当地经济和生物多样性受到严重威胁，农民需要确保豆类生产的可持续性。

面临的挑战依然艰巨。获得地理标志保护认证的拉蒙菜豆抗病毒栽培品种并不存在。目前的拉蒙菜豆和其他（非拉蒙）抗性品种之间的遗传杂交不会保留拉蒙品系历史传承下来的典型感官特性。传统山地豆的特征是皮薄，消化率高，钙、氨基酸和维生素C含量高。如果要保留拉蒙品系的宝贵遗产，在选择抗性豆类植物时，注意保护这些特性至关重要。

对诱导抗性的探索研究项目为解决上述问题带来了希望。对病原体敏感的植物在胁迫诱导（如感染病原体）后产生抗性，这种方法被称为系统诱导抗性，是一种诱导抗性的形式，包括激活以前休眠的基因以增强抗性。这是一种类似于给动物接种疫苗的现象。诱导抗性研究项目的目标是在田间选择4个拉蒙菜豆的诱导系。

研究人员将在没有表现出任何病毒症状的植株和具有最佳生产特性的植株中开展筛选，并对没有症状的背后原因进行分析验证，以便了解所有可能的遗传影响。由抗性豆株获得的种子将在防虫温室中繁殖，持续几个周期。年复一年在田间选育新的诱导植株，定期丰富诱导植株池。

通过这样的方式，将有望为农民提供健康的、适应性强、诱导抗病毒或耐受性良好的当地种子，并增强其病毒抵抗力。这样一来，病毒流行对拉蒙菜豆年产量的影响将会降低。

项目主要活动包括：在田间寻找对病毒植物病原体具有抗性或耐受性的拉蒙菜豆植株；通过人工感染和应用实验室技术对诱导植株的抗性或耐受性情况进行实验确认，以筛选出健康的诱导植株；探究耐药或耐受机制起源的分子研究。此外，每年将向种植者提供强化抗病能力的改良无病毒种子，并通过地区会议、出版物以及专业网站（www.fagiolodilamon.it）分享知识。

第一年的研究结果显示情况相当乐观。实验已经从联盟农民的田地里选出了抗性植株。事实证明，2019年是蚜虫病毒载体高度活跃的一年，病原体活性增强提高了识别抗性植物的可能性。

这些抗性植物的种子将于下一个生长季节在田间和温室中进行验证。在温室中，培育豆株将接受病毒人工感染，来检验其实际抗性。植株对病毒的抗性将通过大学实验室的遗传分析进一步验证，以更深入地了解诱导植物抗性的机制。

朴门永续农业复苏尼泊尔黑泽拉农场可持续农业

Bibek Dhital

农业不仅仅是耕作。农业关乎我们的日常生活，关乎人类本身。一旦化学物质和不良行为污染了农业系统，人类就会迷失在自己创造的世界中。今天，我们有机会成为世界健康粮食生产的引领者；齐心协力、共同参与正是永续农业的意义所在。尼泊尔的黑泽拉（HASERA）农场自1993年起就开始实践永续农业，是小行动产生大影响的典范。

与印度和中国等邻国以及许多发达国家相比，尼泊尔的农药污染和农业现代化出现时间相对较晚。然而，尼泊尔农业耕作趋势正在从多样化农业转向单一作物制。如今，化学农业已成为每个农业机构的关注重点。

自27年前创建以来，尼泊尔卡瓦尔（Kavre）的黑泽拉农场一直在适应与推广永续农业的耕作方法。当初购买这块土地用于耕种时，它是一座四面被商业农场包围的荒山。这座农场没有任何灌溉来源，而且地处丘陵地带，80%的降雨量集中在三个月的雨季，农耕条件极具挑战性。农场主们学习过农业知识，特别是有机农业和永续农业，他们引进了雨水收集、中水收集、覆盖物、植树、农场分区等许多永续农业方法，充分利用每天收集的几百升水，争取不让一滴水浪费。

在虫害管理方面，农场采取的主要有机农业手段包括种植至少三个植物科的混合作物、种植诱虫作物来捕捉特定昆虫（如蚂蚁）、种植多色种植园（蔬菜和花卉）来吸引传粉媒介，以及种植驱虫作物（如洋葱、大蒜和芫荽）来驱赶昆虫。一旦农场运作成熟，有了大量的多年生植物和富足的土壤，昆虫导致的病虫害问题便会减少，大自然开始发挥主要作用，保持平衡。

根据永续农业的社会原则，该农场还为农民提供专业技术知识。因此，周围大多数商业农场不再使用化学肥料，而是使用生物农药和诱捕器来降低虫害。因此他们的农产品成为有机产品，并通过黑泽拉农业家族经营的农贸市场进行销售，目前该家族正在建立参与式保障体系认证。

农场每年的可食用作物种类可达到约92种，包括不同的蔬菜、豆类和谷物等；农场维持的生物多样性（多年生植物、种植作物、花卉、森林物种和杂

尼泊尔黑泽拉（HASERA）农场永续耕作方式
©黑泽拉/Bibek Dhital

草）超过500种。农场周围随处可见蝴蝶、蜘蛛、螳螂和其他益虫。丰富的生物多样性为制作堆肥、保持土壤中水分、促进微生物生长和实现农业生产自给自足做出了重大贡献。蔬菜的平均产量为3千克/平方米或30吨/公顷，远远高于全国10～15吨/公顷的平均水平。

　　该农场拥有坡地，是梯田耕作的实用典范。它还建有农场住宿设施，接待过来自92个国家的游客。其中一些人学习了尼泊尔的传统和文化，品尝传统的尼泊尔美食，了解永续农业的生活方式和耕作方法。农场分区设计的核心是房屋（0区），几乎位于农场中心。房屋周围是菜园（1区），大部分位于厨房和清洗区下面，这使得灌溉更加简单。厨房里的剩饭菜喂给奶牛、山羊和鸡，垃圾则被送到堆肥场，用于滋养土壤。厨房前草药园中采摘的凉茶则可以作为欢迎游客的礼物。2区和3区的露台边缘排列着绿篱，那里种着许多饲料作物（黄金檀木、桑葚、紫荆花、紫竹草），全年为农场动物提供饲料。冬天，这些饲料作物被修剪成灌木，防止它们遮蔽较低梯田上的作物。狭窄的梯田会根据季节混合轮种各种作物。角落里有一条排水渠，每隔3米就有一条沼泽（涉水渠），用于集水、防治土壤侵蚀和雨季补水。

　　农场的主要目标是尽可能实现粮食生产自给自足，并回收利用生产过程中产生的所有废物，同时种植大量番茄、马铃薯、水稻和小麦。根据永续农业的原则，社会因素有助于打造更强大、更可持续的系统，因此也十分重要。

尼泊尔气候适应型农业

Alessandra Nardi

　　"尼泊尔发展适应气候变化的农业"项目以一种包容性的模式巩固了可持续农业生产体系，这种模式不仅加强了粮食安全，同时有利于当地市场。其目的是使用较少的自然资源和合成化学品的同时，生产更多优质粮食，增加生产者的收入，并建立通过认证的生产体系。

　　尼泊尔的农业生产体系特点是自给农业。它一直以自然生产技术为基础，用于促进生态系统的所有要素（土壤、植物、动物、人）的共存。在过去，合成肥料和杀虫剂的使用很少，但工业化农业的到来加剧了环境问题。杂交种子使用的增加也导致了基因污染和地方品种逐渐消失。2015年的一场大地震降低了农民生产基本粮食所需种子的能力。

尼泊尔卡瓦尔区改良过的牛棚可以收集尿液，为植物提供氮肥原料
©亚洲非政府组织

尼泊尔辛都巴尔乔克县（Sindhupalchowk）低成本塑料大棚能够帮助菜农实现高产量和高收益
©亚洲非政府组织

　　为了应对这一挑战，近年来，一些农民开始引进农业体系，通过适应气候变化的机制，在不过度影响水资源的情况下提高生产率。有机农业战略对实现这一目标至关重要，能显著提升经济、健康和环境水平。这在城市周边地区也具有极高创收潜力，可以吸引青年劳动力，缓解大量青年向城市或国外迁移的情况。

　　2016年意大利非政府组织亚洲国际团结协会及其合作伙伴非盈利组织OIKOS和PuntoSud基金会（Fondazione punto.sud），与当地环境和农业政策研究、推广和发展中心合作，为一个项目进行了背景评估，该项目旨在加强可持续农业生产、增加生产者收入、促进创新创业、放宽市场准入和加强国内贸易，并特别关注妇女。

　　该项评估通过研究、实地考察以及与农民和地方当局的会谈，揭露了当地诸多问题。该国气候不断变化，降雨量集中，农作物损失严重，水土流失恶化。这导致了土地使用更加密集，加速侵蚀事件，因而造成产量下降，农民利润极低，土地成本极高。

　　2016年12月，该项目得到了意大利发展合作署的资助。项目实施期间开展了多项活动，约有4 500名直接受益者（约50%为妇女）。这些活动包括：参与识别和选择地方品种；对所选品种进行科学分析；建立合作社；开展种子生产培训；建设储存基础设施；推广生物杀虫剂、生物农药和生物肥料；与企业家和零售商开展培训和圆桌会议；建立参与式保障体系协议；创建品牌以认证产品质量；制定产品营销推广战略、改善市场准入和启动商业关系；改善与农业抗灾做法相适应的动物育种和营养技术；展开补助试点项目。该项目经过两年半的活动，得出一系列最佳实践成果：

- **蔬菜收集中心**：农民团体合作建立了一个共同的蔬菜收集中心，通过同一个销售仓库进行集体营销，扩大影响力，更好地控制蔬菜质量和维护品牌。

- **塑料大棚**：这种竹子和塑料结构可以帮助菜农提高产量和收入。这种技术成本低，使用当地材料，适合小面积种植。
- **苗圃**：在每个地区的不同海拔高度建立四个苗圃，用于保存、繁殖和分配选定的当地和本地品种。
- **示范农场**：该项目已经建立了9个集成气候智能型技术的示范农场。农场旨在成为村中焦点，鼓励农民在此学习各种改良技术和气候智能型农业实践，然后在自己的田地中推广。
- **社区灌溉计划**：该项目为社区提供灌溉设施（塑料废水收集池、水泥罐、升降喷灌和太阳能灌溉系统），以增加全年蔬菜产量。由多种植物成分在牛尿中浸泡发酵制成的植物性农药可以作为化学农药的替代品。
- **滴灌**：从一个季风结束到下一个季风前时期，农民面临灌溉用水短缺问题。这限制了农业生产，并导致许多土地在季风作物收获后休耕。滴灌是充分利用现有水资源的一种经济有效方法。
- **市场试验**：市场试验可以为消费者、供应商、贸易商和市场推动者提供平台，实现与生产商的直接接触和互动，是一种非常有效的手段。
- **改进牛棚管理**：该项目助力改良牛棚的建设，收集尿液以作为植物的氮源。
- **次级补助试点项目**：该项目旨在补充项目效益。这七个试点项目包括其他额外活动，以最大限度地扩大主要项目活动的可扩展性和可复制性，使非直接受益社区受益。

多亏有这个项目，我们的农场已经采用了所有的智慧农业技术，过去一年半的活动让我们的收入大大增加。现在我们产量提高了，产品质量也比以前更好了。我丈夫不必离开尼泊尔去找更好的工作。我们还盖了一座新房子，为了纪念这个项目，我们称之为"有机房屋"。

——Tara Kes
卡瓦尔（Kavre）县女性农民

我在项目期间学会了如何使用生物肥料、生物杀虫剂和蚯蚓堆肥，我的马铃薯个头更大了，可以在市场上卖到25尼泊尔卢比（以前只卖到19尼泊尔卢比）。现在，马铃薯的产量大大增加，我甚至可以把没有卖到市场上的马铃薯用来做种子。

——Dhurba Regmi
辛图利（Sindhuli）县女性农民

位于尼泊尔卡瓦尔县的现代农场
©亚洲非政府组织

振兴和加强菲律宾本土粮食体系

Florence Daguitan

　　皮德里森（Pidlisan）部落的妇女成员在恢复家庭菜园，种植各种粮食作物、草药和水果方面发挥了带头作用，并在家庭和公共农场从事农林工作。这些妇女共同成立了合作社，生产和销售有机产品。

　　20世纪90年代，皮德里森部落的许多家庭采用了绿色革命技术，比如种植高产水稻品种，从事商业蔬菜生产，引进农用化学品。孩子们搬出村庄去接受高等教育，导致农场的劳动力减少，与种子筛选、土壤肥力维护、田间卫生和集体维护公共灌溉系统相关的文化习俗因此受到影响，导致土地生产力持续缓慢下降。同时，由于需要赚取收入，越来越多的部落成员开始从事采矿业和

菲律宾的水稻田中女性相互配合尝试创新
©皮德里森部落组织

皮德里森部落女性在种树
©萨加达皮德利桑部落

旅游业。因此，食物不得不越来越依赖外部供应。

2011年6月，土著人民国际政策研究和教育中心（TEBTEBBA）做出响应，援助皮德里森部落。该中心对当地土地及其人民的状况进行评估，与皮德里森部落合作，通过参与式行动研究与教育，提高部落谋生能力，促进原住民教育，提高原住民调动资源的能力，支持原住民自主发展计划。

皮德里森地区由菲律宾山区省萨加达北部的阿吉德（Aguid）、班加安（Bangaan）、皮德（Pide）和费德里桑（Fidelisan）四个区组成，2015年人口为2 408人。

皮德里森的原住民为了满足自身食物需求，将他们的土地开发成一个完整的农业生态系统。该体系有三种类型的农场：无灌溉农场，在居住区及附近开展复合农林业活动；林地中的轮作农业区；稻田。参与式行动研究复兴了当地知识体系和传统耕作方法，如：

- 种子储存和自然育种改良技术；
- 在村内或村间分享与交换种子，种植各种作物，将短期和多年生作物与畜禽饲养结合；
- 遵循以气候和天气为基础的农业生态日历；

● 利用月相促进作物生长，并保持地区内不同生态系统的完整与平衡。

在约4 000公顷的皮德里森地区，林地、草地和农田（灌溉稻田、无灌溉的农场和比例较低的果园）是主要用地。小规模采矿和住宅区（包括圣地）的比例较低。流域地区占皮德里森总面积的74%。

老人们回忆说，"曾经有一段时间，生产投入主要依赖部落的内部资源"。现在，自然植被和收获后的植物残留物被翻入土壤，为下一轮作物提供养分。生产者开始制作自己的工具，利用自己的知识，并从其他地区获得更多资源。

将传统知识与现代科学结合，生产有机农业投入品如生物肥料（叶面肥、发酵植物等），以及利用本地微生物恢复土壤肥力都是重大的创新举措。

为了维持有机农业投入品生产，土著人民政策研究和教育国际中心提倡购买粉碎机，并建立了有机肥料生产中心。皮德里森部落组织的成员（主要是妇女）对这些农业投入品的有效性进行了测试，发现试验田的水稻产量明显增加，从4.2吨/公顷增至7.5吨/公顷，300多个家庭开始重新使用家庭菜园，妇女能够为家人提供安全、营养的食物，并将剩余的食物出售，创造收入。2017年，盖桑妇女集体成立了合作社，生产有机香蕉片，对该地区的香蕉生产者产生了连锁效应，他们的产品现在有了现成的市场。

另一个收入来源是生产粗制黑糖（muscovado sugar），由社区所有的甘蔗粉碎机进行加工。随着有机农业投入品需求的增长，妇女们开始热衷于开拓多种收入来源，目前正在计划生产商用有机肥料。

瑞士山区的气候智能型乳制品生产

Alexandra Rieder、Jan Grenz、Andreas Stämpfli、Beat Reidy、
Tamara Köke 和 Sebastian Ineichen

"气候智能型奶牛场"是一项公私合作倡议，通过自下而上的参与式创新型方法和以目标为导向的支付系统，减少了每千克牛奶的温室气体（GHG）排放量。该项目显示出巨大的升级潜力，可能对瑞士农业的温室气体减排产生重大影响。

瑞士的温带气候、高山草甸和小型农场结构为家庭农场的畜牧生产提供了良好条件。 许多奶牛在海拔1 000米以上的高山上度过夏季甚至全年时间，是瑞士山区农民生产的主要依靠。然而，这些农民面临经济困难，收入占整个瑞士农业最低，已经远低于非农业人口的收入。雪上加霜的是，气候变化威胁着生物多样性和脆弱的山地生态系统的整体可持续性。

瑞士联邦承诺到2050年将其农业温室气体排放总量减少三分之一。2017年，农业温室气体排放占瑞士温室气体排放总量的12.9%，其中三分之一以上

参与雀巢公司和Aaremilch的气候智能型奶牛养殖项目的西门塔尔奶牛
©雀巢瑞士公司/Remo Nägeli

29

来自奶牛肠道发酵后的甲烷气体排放。与此同时，瑞士主要牛奶购买商雀巢企业的目标是到2050年实现温室气体净零排放。在这些共同决心的推动下，气候智能型奶牛养殖项目于2017年启动。

该项目是生产者组织Aaremilch、牛奶加工商雀巢和瑞士联邦农业办公室之间的公私合作项目。由伯尔尼应用科技大学提供科学支持。Aaremilch组织为农民所有，每年交易约2.3亿千克牛奶，其中70%来自丘陵和山区，主要位于伯尔尼州。该项目旨在到2020年底将每千克牛奶的温室气体排放量（二氧化碳当量）较2014—2016年的基准值减少10%。温室气体减排将以生态农业的方式实现，不会破坏其他区域环境。该项目采用自上而下的参与式方法，从一开始就让乳制品生产商参与进来，如雀巢为每千克牛奶支付以目标为导向的溢价。

符合条件的温室气体减排措施包括：①增加每头奶牛的泌乳量，从而减少牛群中非生产性动物的比例；②提高奶牛终身生产性能（每个生命日的牛奶产量）；③向沼气发酵罐中加入粪便和泥浆；④通过对两用品种进行人工授精和精子性别鉴定提高肉产量。还有两项措施正在进一步研究中，即⑤提高饲料效率；⑥使用抑制甲烷的饲料添加剂，如亚麻籽。

除了与气候相关的目标之外，还采用了一种综合方法来防止副作用，如日益激烈的食物-饲料竞争。该计划还旨在增加农民收入，或至少不造成额外成本。鉴于许多瑞士山区农民的经济状况艰难，这些标准对于推广该计划和确保其长期可持续性至关重要。

项目成效通过单个农场数据和计算机工具每年进行监测，该工具可用来计算乳制品生产、农场内外饲料生产、农场能源使用和粪便处理的温室气体排放和土地需求。泌乳牛和整个牛群的干物质、蛋白质和能量平衡也由同一工具计算，以优化饲喂。

瑞士的西门塔尔牛主要用高质量粗粮喂养
©雀巢瑞士公司/Remo Nägeli

这些牧场每千克牛奶的温室气体排放量为0.93千克二氧化碳当量/千克牛奶，其中0.64千克二氧化碳当量/千克牛奶是肠道发酵和粪便管理造成的直接温室气体排放，基准较低，因此减少每千克牛奶的温室气体排放量是一项挑战（图2）。这些数值较低的原因在于喂养奶牛的草地与牧场可消化粗纤维饲料的比例较高。尽管如此，每年Aaremilch输送750万千克牛奶的46个试点农场已经成功减少了排放量，超过了到2020年底实现10%减排目标所需的排放量。该项目有一个以目标为导向的农民支付系统，他们参与研究能获得一定资金奖励，基于个人目标，通过有效减少温室气体排放量获得价格溢价。事实证明，这种创新的支付方式可以有效激励农民实施气候智能型实践。

从2019年开始，为测试该项目的可推广性，气候智能型牛奶的产量已扩大到每年2 200万千克，并在147个农场生产。如果将该做法推广到整个瑞士所有奶牛，则可以在几年内实现国家农业温室气体减排的大部分目标。在整个项目期间，农民、行业官员和科学家之间的能力建设和面对面对话一直在继续，促进理解互信。农民已经了解且实施了农场甲烷减排相关措施，促进了包容性农业生态转型。根据有限的一组输入数据（出于效率原因）计算稳健的温室气体平衡是具有挑战性的，但改进畜群水平温室气体排放计算器的举措将继续促进科学、产业和农民之间的知识交流。

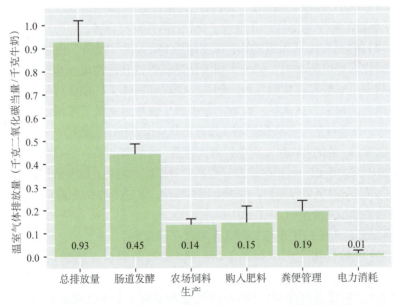

图2　参与气候智能型奶牛养殖项目的46个试点奶牛场每升牛奶的温室气体平均排放量，2014—2016年的基准值，使用农业、林业和食品科学学院的KLIR 1.8工具计算得出。标准偏差显示在每个条形的顶部。

资料来源：案例研究为作者自述，2020。

有机农业为坦桑尼亚利文斯敦山脉
注入新活力

Nehemiah Murusuri 和 Wilbert Mtafya

坦桑尼亚利文斯敦山脉附近沼气设备的广泛应用证明了沼气技术、有机农业和山地生态系统保护之间的协同增效作用。沼气生产过程的副产品生物泥浆是一种有效的农作物有机肥料。研究表明，每个沼气设备每年可节省0.12公顷的林地，这些林地本应被砍伐用作薪材。

伦圭（Rungwe）区可再生能源（沼气）建设计划于2016年与坦桑尼亚非政府组织伦圭自然保护区和旅游组织（Hifadhi ya Mazingira na Utalii Rungwe）合作开展，并与非洲野生动物基金会（African Wildlife Foundation）和伊桑加泰农业发展组织（Isangati Agricultural Development Organization）协商制定。它基于一个可再生能源技术项目，即奇摩（Kyimo）、伊库蒂（Ikuti）和艾德尔（Idweli）村的环境保护和改善，该项目在2012年得到了全球环境基金（GEF）小额赠款计划支持，并建造了6个示范性沼气设备。

该项目包括在山区附近的6个村庄建造160台沼气设备，由被确定为项目受益者的社区提供劳动力，如为生物消化器和管道开挖沟渠。非政府组织技术人员的职责是安装和连接沼气池，测试、调试和提供工厂操作与维护培训。

该地区的耕作方式落后，作物产量极低。该项目测试了采用沼气技术促进有机耕作、改善社区生计和保护利文斯敦山脉生态系统的有效性。项目主要活动包括：选择160名试点农民，为他们每人建造一个沼气设备；为试点农民提供沼气设备操作维护培训、保护生态友好型高产耕作技术培训，以及使用生物泥浆和天然杀虫剂进行有机耕作培训；保护生物多样性，促进生态系统健康和生态服务。

项目主要成果是：

- 生物泥浆和干肥的使用增加并逐渐取代工业肥料；
- 试点农民的作物生产率提高了5倍，其他社区成员开始使用可持续耕作方法；
- 据估计，在过去两年中，160台沼气设备节省了38.4公顷的林地，为保护利文斯敦山脉做出了贡献；
- 沼气灶促进了性别平等（因为用沼气做饭既简单又干净，现在连男性都可以为家人做饭）；

- 6个村庄的160户试点家庭（930人）受益于使用沼气设备做饭、照明和使用生物泥浆开展有机农业。约7 200人通过实操演示与观察学习沼气技术，成为间接受益者。

　　作为本案例研究基础的可再生能源技术项目得到了全球环境基金小额赠款项目的支持。该项目在2012年提供了23 607美元，帮助利文斯敦山脉附近的年轻人在山区退化地区植树造林。一些当地人被选中接受建立薪柴农场的宣传教育，减轻山坡上树木的生长压力。共种植了50 000棵树。此外，非政府组织还支持建立了6个沼气示范设备，向山区社区展示如何使用沼气，减少做饭和取暖的薪材使用。

　　项目期间面临的关键挑战是许多农民热衷于采用沼气技术和有机农业，但缺乏资金或信贷途径。

沼气灶在坦桑尼亚利文斯敦山脉促进性别平等
©全球环境基金坦桑尼亚小额赠款项目/Stella Zaarh

Lak'a Uta 有机花园是玻利维亚第一个城市社区美食花园
©替代基金会

4

为产品增加价值的
循环和共享经济

山地循环经济

circular 循环经济方法是粮农组织生态农业的10大要素之一，旨在更好地将生产者和消费者联系起来，并建立公平和短渠道的分销网络。此方法基于产品和生产资料在理想闭环中的"共享、租赁、再利用、维修、翻新和回收"（Whitaker，2017）。山地地区采用和发展循环经济的潜力特别大，因为它与森林、水、矿产和农业遗传资源等独特的主要资源息息相关。此外，循环经济与山区的关系尤为密切，山区普遍地处偏僻和经济脆弱，这些因素都促使居住在那里的社区实施优化的能源系统、减少能源消耗和管理自然资源来应对。

将产品和生产资料保留在山地经济范围内对于减少浪费及增加资源和生态系统服务（例如清洁水、固碳、山地景观和农业旅游）的价值至关重要。如果采取循环经济方法，就业机会和经济增长就会增加。

新商业模式的施行是十分必要的，例如以服务和功能为基础的模式、在生产和消费上相互协作、共享材料和资源，将废物视为资源的一部分。在全球范围内，特别是在山区，只有实现供需平衡，以可持续的方式规划整个供应链中的材料、产品和服务交换，才能长治久安。该模式中各方协作参与，以及对未来可持续发展的共同愿景，是扩大循环经济规模的必要条件。这种参与式保障体系可以作为一个例子，有效分担时间、援助和责任，对产品进行有机认证，这符合循环经济的方法。

参与式保障体系：山地可持续发展的工具

Patricia Flores

有机产品第三方认证成本高，与许多农业生态区的农民组织价值观脱节，再加上许多国家对有机农业和产品缺乏监管，有机产品建立新市场的社会需求由此而产生，农民和消费者都是产生这项需求的主要原因。参与式保障体系是适合小农户的低成本质量保障体系。这种参与式的方法可以替代第三方有机农业认证。世界各地的经验表明参与式保障体系可以成为生产者之间以及生产者与消费者之间沟通交流的重要社交平台。另外，它还可能为减少粮食不安全做出重大贡献并改善农村地区农民的营养状况[①]。

参与式保障体系的集体推动力可以带来其他积极的成效，比如：

- 知识管理和农业生态解决方案。参与式保障体系的参与者可以发挥农村技术支持服务提供者的作用，例如通过农民之间的知识交流。参与式保障体系行动的成员可以共同支付他们所需的技术支持。这些费用基本包含在系统的总体预算中。参与式保障体系的举措有助于传统知识的维护和传播，并使农民能够利用当地可用的投入和品种，从而帮助改善社区的自然资源管理。

- 在农村、城市周边和城市市场进行面向短供应链的集体营销。山地农业生态系统营养项目的证据表明，城乡结合部和山区城市的市场往往因其原产地、高营养和多样化食品的品质而极具吸引力。参与式保障体系为农民提供进入特定市场的机会，降低了市场组织相关成本，并利于触及更大规模地消费者。

- 社会纽带和信任得到加强，进而形成强大的社会组织。许多参与式保障体系行动赋予了利益攸关方参与决策过程、宣传和加强外联的权利，以满足集体更具体的需求。由参与有机生产的利益相关者实施的参与式保障体系举措加强了社会结构，从而有助于应对山地农业生态系统面临的具体挑战。

- 增加农业收入。与参与式保障体系行动相关的市场与社会建设投入可以缩短价值链，减少了中介机构，同时价格可以由集体决定，使生产者和消费者能够负担得起。

---

① 更多信息，请访问：https://www.ifoam.bio/our-work/how/facilitating-organic/nutrition-mountain-agro

37

家庭在城市社区的菜园里种植水果和蔬菜
©Fundación Alternativas

- 遗传资源保护。消费者需要有尽可能多不同食物类别的多样化供应，以满足营养需求并保持健康的饮食。在参与式保障体系中，参与式保障体系与消费者需求的密切联系为做出必要改变提供了机会，包括作物布局和农民种什么、种多少。传统种子，特别是当地品系、品种和生态适宜类型的种子，这些是多样化生产的基础。因此，社区种子库得以发展，传统种子得以保存和交换。
- 参与式保障体系开发出小型储蓄系统，以支付系统和参与式保障体系相关市场的常见费用。随后这可能让生产商能够进入金融市场，以扩大业务规模或增加产品的价值。
- 节约认证成本。从货币角度看，与第三方认证相比，参与式保障体系显著降低了有机认证的成本。在某些情况下，第三方认证每年的费用几乎是参与式保障体系的5倍。
- 加强粮食安全和改善营养。参与参与式保障体系行动的小农户成员更有可能通过多样化的生产和消费来实现粮食安全和改善营养。通过进入更好的市场销售产品、提高经济作物和自给作物的生产力，以及加强人们关于如何更好决策补充家庭食物来源的教育，都可以实现更健康的饮食。

多民族玻利维亚国拉巴斯市
海拔3 900米的城市农业生态学

María Teresa Nogales 和 Johanna Jacobi

    Lak'a Uta是多民族玻利维亚国（简称玻利维亚）第一个城市社区食品菜园。该菜园海拔约3 900米，拥有40块土地，专门用于生产有机食品。菜园位于高地城市拉巴斯，它促进了城市农业的发展，培养了社区价值观和户外娱乐的休闲方式，并鼓励邻居采用健康饮食。

尽管粮食安全和营养是玻利维亚社会福利的基本支柱，但这些往往被排除在城市发展和规划进程之外。未能解决这些问题加剧了当地粮食体系中的薄弱环节，不可避免地影响到公民，尤其是穷人，也削弱了他们获取负担得起的健康食品的能力。如今，超过60%的玻利维亚人营养不良，42.7%的人超重或肥胖。

当地非营利组织替代基金会获得支持，启动了玻利维亚第一个社区食品菜园。Lak'a Uta有机花园成立于2013年，位于拉巴斯市众多陡坡之一。这座菜园是在一个曾经人口稠密的社区开发的，在20世纪90年代被山体滑坡掩埋。园区被遗弃了近20年，期间酗酒者经常光顾，并因暴力事件而臭名昭著。

拉巴斯Lak'a Uta有机花园欢迎游客和志愿者的标志
©Johanna Jacobi

如今，这里成了由40个地块组成的社区菜园，许多家庭在这里种植了30多种不同的水果和蔬菜。替代基金会在城市生态农业方法上提供技术支持，出借工具，建设小型种子库，并提供附近企业捐赠的木制托盘等材料来支持菜园。到目前为止，已有7 000多人参观或在菜园做志愿者，其中许多人也开始在家里种植食物。

参与的家庭已成为社区变革的积极推动者，在那里他们实践并宣传城市农业，将城市农业作为改善粮食安全的方法。2018年，拉巴斯市政府在多次参观该菜园后，推出了《拉巴斯市城市食品花园促进自治法321号》（Municipal Autonomous Law 321 for the Promotion of Urban Food Gardens in the Municipality of La Paz）。这是第一部此类法律，规定了向公众提供市政土地的义务，以便人们可以在自己的社区建立食品菜园。

Lak'a Uta有机花园对公众开放，为游客和社区成员提供健康娱乐的场所，同时也是在与地球母亲（Pachamama）的互动和重建联系。菜园采用了以回收材料为主的低成本生产模式，重点确保每个家庭都能生产食物来补充日常饮食，也保护社区价值观和习俗。为此，市民重新选择了古老的易货传统。同时，为了促进社区发展，替代基金会根据安第斯祖先的互惠传统组织了不同的活动，如社区聚餐和合作工作日，并举办了一系列关于粮食安全和生态农业粮食生产的研讨会。这些活动让人们聚在一起合作，在社区共享美食，不断参与经验学习。

在菜园里，有40个家庭生产传统食物（如马铃薯、圆齿酢酱草、蚕豆和玉米），以及香草和水果（如风滚草和姑娘果）。近年来，志愿者们分享了新奇的种子，一些家庭开始试验种植甜菜、羽衣甘蓝和洋蓟，取得了良好的效果。鉴于地块面积较小（16～20平方米），收成主要用于家庭消费，当产量充足时，家庭会以物易物的方式实现饮食多样化。

社区菜园开创了一个重要的先例，将未充分利用的空间转变为绿色和有产出的区域，促进社区意识的复兴。在这里，各个年龄段的人一起工作，相互学习和分享，享受户外生活。他们勤劳付出，以确保拥有更加健康、可持续和充足的饮食。替代基金会每年进行一次评估，跟踪成员对菜园重要性的看法。2018年对这些家庭的采访显示：100%家庭的主要动机是有机会种植自己的食物，64%的人享受菜园带给他们的宁静，54%的人喜欢在大自然中度过时光，51%的人则强调他们喜欢这个与其他成员进行社交的机会。

多年来，菜园已经变成了一个教育平台，学生们可以在这里学习如何在城市环境中种植食物。儿童和青少年参观菜园，学习不同的种植技术，例如如何制作有机肥料、在小空间种植食物和用有机的方法控制害虫。许多人与老师和家长一起在学校里开办了小规模的食品菜园。自2017年以来，替代基金会共为300多名公立学校教师和社区教育工作者举办了研讨会。在400多名教师的积极参与下，该组织正在编写课堂材料，以确保从幼儿园到十二年级的学生能得到关于营养、粮食安全和农业的基础指导。

经过五年时间的发展，Lak'a Uta有机花园已成为当地一项著名的举措，帮助市民认识到城市农业的价值及其服务环境的能力，并确保人们能够轻松获得新鲜健康的食物。希望随着城市菜园市政法律的推行，能够确保在不久的将来，拉巴斯山区会涌现出更多新的食品菜园。

拉巴斯Lak'a Uta有机花园的女农户庆祝丰收
©Fundación Alternativas

印度喜马拉雅山区小农户
小而美的参与式保障体系

Ashish Gupta

在印度喜马拉雅山区，由于缺乏集体组织，小农户进入市场和议价能力都很低。现在，参与式保障体系正在以生态农业为基础，帮助集体组织的形成。据报道，喜马拉雅山的有机农业目前约为170万公顷，喜马偕尔邦贡献了10%。慢慢地，可持续农业运动正从基层小农户上升到邦和国家的层面。

过去，大多喜马拉雅山区的农民都参与传统市场，在那里他们对农产品的价格几乎没有发言权。此外，距离市场远、消费者缺乏信心，都对开展有机生产农户的产品权威性构成了挑战。为了打破这一循环，2015年，喜马偕尔邦曼迪（Mandi）区巴格（Baag）村的 Gram Disha SHG 农民团体在印度参与式保障体系地区委员会"有机生活方式"的支持下，决定加入参与式保障体系认证体系。

收集农户农产品和种植实践的基础数据是建立参与式保障体系的第一步。这一步与农民培训同时进行，帮助他们转向有机的生产方式，利用就地获得的堆肥和现成的植物保护做法，必要时再使用植物保护产品和土壤营养管理产品，其重点是降低生产投入成本。

2015年以来，农户逐渐减少使用或淘汰农药，并通过透明的中介协助销售给消费者。这些中介机构，例如 Jaivik Haat（德里的一家天然有机零售店）和德里有机农贸市场，确保了生产者和消费者之间的联系。2019年8月，为了满足城市、城郊和农村地区对有机产品日益增长的需求，农民集中资源开设了喜马偕尔邦第一家农民经营的有机商店，销售新鲜农产品。其他农民团体目前已经与这个参与式保障体系团体接洽，从而在他们的地区创建类似的生产、供应链和营销模式。尽管在确保全年稳定供应优质农产品以及与地区和州内的其他农民建立网络方面仍然存在挑战，但参与式保障体系增强了消费者的信心。

农民团体没有任何政府补贴或项目的支持，所有创新的市场联动机制都是其成员自身努力和发挥聪明才智的结果。然而，通过价值链上的透明度以

参与式保障体系的农户在德里的活动中出售新鲜农产品

© 印度 Gram Disha 基金/Ashish Gupta

及生产者和消费者之间的直接联系，农民现在可以获得公平的产品价格。近距离接触让消费者了解产品的真实成本，让他们在产品上花更多的钱，不仅是为了自己的健康，也是为了让农民受益。

挑战和缓解措施包括：

- 缺乏为农民提供扶贫和市场准入的制度支持。为了填补这一缺口，农民正聚集起来，集中他们的资源，其中包括人力和资金，进行体制建设、扩展市场准入途径，希望能为未来的进一步扩张提供支持。
- 缺少有机农业在转换期间降低损失的机构信贷。农民为实现自己的倡议，乐观地认为他们的努力会得到当地农村银行的认可，并因此提供机构信贷，特别是补助支持。
- 女性农民目前很少直接参与创建与市场挂钩的参与式保障体系，导致市场准入方面产生性别差异。为了缓解这个问题，正在尝试组建以女性为主导的农民团体。

目前参与式保障体系正在向邻近村庄扩大，创立其他集体并协助他们利用参与式保障体系进入市场。随着本地和远方市场准入的增加，更多农民有希望能够参与并形成更大规模的集体。目标是在两年的时间框架内，将有可能在至少100个小农家庭的基础上成立一家生产公司。

喜马偕尔邦是印度十个喜马拉雅邦之一。印度的州政府和中央政府目前正在大力实施有机农业生态系统和数字基础设施建设。自2015年以来，该地已推出诸如东北地区有机价值链发展计划和传统农业发展计划（PKVY）等项目。2016年，锡金开始成为印度第一个完全有机的邦，并于2018年入选享有声望的"一个世界奖"（One World Award）。作为传统农业发展计划的一部分，印度政府推出了参与式保障体系。在参与式保障体系印度体系之下，喜马拉雅各邦的土地储备有所增加。此外，市场准入和小农直接向市场销售农产品的情况有所增加。在印度喜马拉雅各邦，有机农业正在站稳脚跟。截至2018年，喜马偕尔邦通过参与式保障体系和第三方认证体系的有机农业总面积为175 306公顷。

农业作为一种职业与其他职业截然不同。其他领域专业服务发生的频次较低，比如，医生或律师的服务，而我们每天吃的每一餐饭都需要农民的服务。

——印度的喜马拉雅山区农民

德里有机农贸市场出售的优质利尔蔬菜
©Gram Disha信托基金，印度/Ashish Gupta

本土作物和野生可食用作物
保障了印度的粮食安全

Shalini Dhyani 和 Deepak Dhyani

在印度西喜马拉雅地区，农田主要靠雨养（超过70%），面积较小（不到0.2公顷），投入低，以林业和畜牧业作为辅助。具有气候适应能力的本土作物和野生食物支持维持生计的饮食习惯。北阿坎德邦加瓦尔（Garhwal）多样化的本土作物对保障未来粮食安全具有重要的意义，其中没有食物里程。当地社区正在通过驯化和生物勘探的方式保护野生可食用作物。

印度喜马拉雅地区是一个天然的生物多样性热点地区，拥有丰富的农业生物多样性和文化多样性。土著和地方社区一直种植各类谷物、豆类和油籽等。然而，在过去的几十年里，移民推动了传统作物和种植方式向经济作物方向转变。

印度喜马拉雅地区的村庄
©Shalini Dhyan

45

为了扭转这一趋势，政府开展了"建强饲料资源和开发试点模式来减少北阿坎德邦基达纳特（Kedarnath）山谷农村妇女的艰苦工作"和"保护印度喜马拉雅西北部鲜为人知的野生可食用作物多样性和当地人的土著传统知识"项目，这些项目包括开发社区种子库，用于驯化未充分利用的野生可食用作物，以保障食物营养安全。项目建成了生计资源中心，旨在促进本地作物和野生可食用作物的杂交增产，同时建立了一个饲料库，来满足牲畜的饲料需求。以上这些举措都是与麦坎达（Maikhanda）、托尔马（Tolma）和苏来托拉（Suraithota）村的村委会（当地村管理机构）合作制定的。印度政府科学技术部、英国拉福德（Rufford）小额赠款计划、国家喜马拉雅环境与可持续发展研究所（GB Pant National Institute for Himalayan Environment and Sustainable Development）、斯利那加·格尔瓦（Srinagar Garhwal）和非政府组织保护地球与生命协会提供了资金支持。

这些项目于2009—2019年在印度西部喜马拉雅山脉的北阿坎德邦开展。除了建立生计资源中心外，还开展了包括在楼陀罗布勒亚格（Rudraprayag）区麦坎达村建立社区植物苗圃和荒地复兴示范项目等活动，以及在杰莫利（Chamoli）区苏来托拉村建立社区种子库收集未充分利用的野生可食用作物。

西喜马拉雅山是水稻和豆类品种的宝库。这里种植了200多种本土水稻和230多种芸豆（Rajma）以及许多传统和本土豆类品种。然而，由于市场对经济作物的需求增加，本土作物和种植方式已出现重大流失。一项创新性的举措，即通过开发支持系统帮助林业和牲畜养殖有机发展，令北阿坎德邦高地地区的生活得以改变。在此过程中，许多本地作物用于开发增值产品。其中包括6种主要粮食作物，即手指小米（*Eleusine coracana*）、科多小米（*Paspalum scrobiculatum*）、细柄黍（*Panicum sumatrense*）、狐尾粟（*Setaria italica*）、糜子（*Panicum milliaceum*）和湖南稗子（*Echinochloa frumentacea*），以及几种野生食用作物，例如树形杜鹃（*Rhododendron arboreum*）、菜蕨（*Diplazium esculentum*）、杨梅（*Myrica esculenta*）、印度伏牛花（*Berberis aristata*）、西域荚蒾（*Viburnum mullaha*）、青刺果（*Neolitsea pallensand cherry prinsepia*）。超过186名农民，包括一些妇女和青年，接受了建设社区野生可食用种子库和通过种子发芽技术进一步驯化当地物种的培训。

主要挑战是：
● 让社区相信前景和经济利益很困难，但很关键；
● 即使复制成功模式，如饲料库、地区种子库和生计资源中心，也需要政策制定者和从业者的支持。

　　未来计划开展的活动包括监测种子库等项目情况，观测在农民田间试验驯化野生食用植物的情况，通过社区种子库建立农业园艺模型。此外，生计资源中心将培训更多妇女去了解野生可食用作物和有机作物的附加值。

> 　　增值产品的市场越来越好，在朝圣季节期间，我们每户每月可以赚到2 000～5 000印度卢比（25～70美元），那时夏天有很多游客，为我们带来了经济效益。
>
> Bindeshwar Semwal
> Shersi 村
>
> 　　我们的传统种子和种植模式以及与低投入农业相关的传统知识都受到威胁。传统作物和野生可食用作物的生物勘探可以帮助我们在不断变化的气候条件下生存下去。
>
> Rudra Singh Butola
> Tolma 村

印度喜马拉雅山的女性农民
©Shalini Dhyan

从供应链到社区
——意大利山区农民的参与式保障体系

Carlo Murer

消费者对第三方认证缺乏信心，从而促使一家意大利有机物供应商引入参与式保障体系来认证其产品。此举正在意大利东北部的部分山区罗马涅进行试点。

专门生产和分销有机产品的意大利公司 EcorNaturaSì 表示，监控从农场到商店的整个生产链是保证有机产品质量的最佳方式。但近年来媒体广泛报道的一系列丑闻凸显了双重质量保证的必要性。

为防纰漏的产生，这家有机公司建立了参与式保障体系系统，由农艺师、食品技术专家和消费者组成的团队，定期对农场进行考察。此举标志着参与式保障体系基础模型的转变，一般来说，它是农民手中用来确保产品质量的工具，而不是由分销公司宣传推广的工具。

该公司采用参与式方法来选择供应商农场和监控商店销售产品的生产过

一位在意大利喂牛的农民
©EcorNaturaSì Spa

参与式保障体系成员在意大利开会讨论
©EcorNaturaSì Spa

程，希望能在生产者和消费者之间建立信任，而顾客们也越来越想更多了解他们吃的食物及其背后的文化。

在这个特殊的参与式保障体系下，EcorNaturaSì商店邀请顾客积极参与农场参观，选择最好的农场，帮助顾客监控生产过程。被选中实施参与式保障体系的20名农民对体验充满热情，表达了共同努力向消费者开放农场并分享生活方式的愿望。该公司于2019年选择在罗马涅启动这一流程，一部分原因是那里仍存在社区精神，另一部分原因是那里山区环境原本就更干净，森林、生态走廊和其环境特征有助于与害虫维持平衡，避免使用化学农药（图3）。

何物	参与式保障体系发挥作用的关键要素是满足人们了解食物来源的内在需求，以便使他们对所吃的食物产生信任感和安全感。
何因	对于EcorNaturaSì，实施参与式保障体系背后的逻辑是生产食物的人和食用食物的人之间的联系。这个想法是将供应链的线性概念，即从农民和消费者在相反的两端上，转变为农民和消费者相互了解的模型。
何人	除了让农民和消费者参与进来，罗马涅的参与式保障体系还让所有潜在的利益相关者参与进来，包括农艺师、小型工厂、面包店和商店店主。
何时	参与式保障体系参与者代表团每年进行一次或两次农场参观。参观农场的最佳时间是春季或初夏，那时庄稼正在生长。
何处	罗马涅位于意大利东北部，部分地区是山区，农业发达。在弗利-切塞纳省的山区，主要作物是软麦和斯佩耳特小麦等谷物，或鹰嘴豆和扁豆等豆类。由于海拔较高的草地可以提供干草，这里的大部分农场仍然饲养动物，主要是牛。

图3 意大利EcorNaturaSì实施的参与式保障体系概览

资料来源：案例研究为作者自述，2020。

吉尔吉斯斯坦有机社区

Asan Alymkulov

众所周知，吉尔吉斯斯坦有大量有机农民，特别是小农户。然而，他们中有许多人遭到忽视、得不到认可和奖励，仅仅是因为他们没有取得认证。参与式保障体系特别适合像这样的小农户，将传统和文化与质量保证融合在一起。

在吉尔吉斯斯坦，有机社区是农村社区综合可持续发展的典范，将游牧文化的传统与现代文明的进步成就相结合。它由一群农民组成，来自山区的一个或几个村庄，这些村庄有共同的水源和相邻的土地。这些农民自愿同意运用有机方法和传统知识共同发展农业。

在吉尔吉斯斯坦的有机发展联合会（FOD Bio-KG）的协助下，2013年在科罗尔-巴扎尔（Koror-Bazar）有机社区推出了一个试点项目，有40名农民参与（图4）。到2019年，该计划已扩展到吉尔吉斯斯坦不同地区的10个有机社区——塔拉斯州（地区）2个，纳里州2个，伊塞克湖州5个，楚伊州1个，共涉及650名农民。

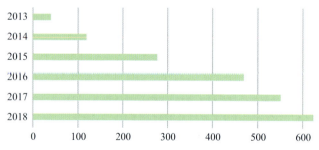

图4　每年有机社区参与式保障体系认证农户数量（单位：个）
资料来源：吉尔吉斯斯坦的有机发展联合会，2020。

自2015年以来，吉尔吉斯斯坦的有机发展联合会在吉尔吉斯斯坦和中亚地区开展了多项旨在促进有机农业发展的活动。该组织的工作职责包括能力建设、宣传游说和调查研究，开展的活动包括有机农业的实践和理论培训，包括在有机质量保证、生物病虫害管理、筹款和领导力等方面。这些活动的关键要素是推广作物多样化种植，而不是单一种植或与单一和多样化种植相结合，令

丰收节是感谢大自然赐予丰收的传统
©吉尔吉斯斯坦的有机发展联合会

产品能更好适应市场价格波动。另一个是通过参与式保障体系为内部市场提供产品质量保证，并帮助农民建立此类体系。

文化传统是将农民团结在有机社区内的关键，同样的模式已被用于建立实施参与式保障体系，特别是在保证活动可持续性方面。因此，协调人的角色一般由老年人承担，因为他们因农事知识和经验丰富而受到尊重。

参与式保障体系团体建立在相互信任的基础上，成员们坚信有机农业是一种健康、可兼容和实惠的方法，对今世后代都是安全的。此外，农民自己已经建立了法人实体，从而能够生产一定数量的产品来满足市场需求。

这其中面临的挑战包括需要保存记录和文件——这对许多农民来说是从未接触过的。为了简化流程，避免纸质文档，现在引入了移动设备的应用程序Akvo，用于数据收集和进行同行评估。尽管参与式保障体系计划的一个关键要素是持续的学习，但一开始只有50%的成员参加了培训。

吉尔吉斯斯坦的有机发展联合会和有机社区农民在国家层面也很活跃。他们联合反对在吉尔吉斯斯坦建设生产化肥的工厂，反对在科罗尔－巴扎尔有机矿区开采金矿。

未来的项目包括将牲畜纳入经过验证的有机农业系统和提升新兴群体的能力。根据收集的数据，大约61%的农场由女性管理，同时越来越多的年轻人开始参与农村农业创业。出于这个原因，有机社区需要制定系统化战略，以确保青年和妇女发挥更大的作用。在需求方面，需要更多的营销手段、意识提升和强大的品牌推广，而在生产方面，需要为新的生产商、加工商提供支持以及相关的支撑服务。

我开始使用有机农业和作物轮作方法种植各种种子。人们不相信我现在在这块小土地上赚的钱比以前的几公顷还多！这一切都得益于吉尔吉斯斯坦的有机发展联合会在项目里进行的全面培训。

Turdubekov

来自吉尔吉斯斯坦图普赖翁（Tüp raion）区的53岁农民

吉尔吉斯斯坦有机节
©吉尔吉斯斯坦的有机发展联合会

农贸市场在利马建立共享经济

Liza Melina Meza Flores

在秘鲁首都，农贸市场变得越来越常见。它们吸引着一批新的消费者，消费者涌向这些新建立的场所，直接和生产者互动。就这样，利马的面貌在逐渐改变，与此同时，消费者的环保意识逐渐增强，小农户也越来越团结。

事实证明，生态农贸市场成功改变了消费模式，也成为提高人们对农产品及其背后生产者的认识的切入点。因此，这类市场成为以消费者和生产者之间相互团结的经济模式的基础，城乡联系得以加强。

为了检验这一理论，非政府组织美洲基金（FONDAM）的项目协调员开展了一项评估，来提高非政府组织资助的农业发展项目中开发食品价值链的技术能力。为此，他们访问了阿普里马克省和利马的生态农贸市场，在那里进行了半结构化的观察和访谈，并对社交媒体活动进行了监测。

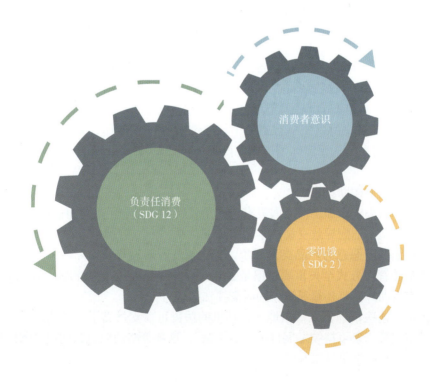

研究显示：

- 制度安排：在秘鲁，有一种浓厚的"讨价还价"文化，但令人惊讶的是，在市场考察中却没有这种文化出现。
- 社会经济条件：生产者和消费者之间的熟悉令他们对彼此的情况更加理解和认可。
- 物理环境：消费者最终了解了生产者应对气候变化的脆弱性以及为粮食体系供应产品的挑战。

这些市场会定期举办能力建设活动，专家们提倡可以在家中甚至在城市里进行简单的活动，例如堆肥、减少废物、不可回收材料再利用和城市园艺。此外，小农户经常进行演讲，来提高人们对他们生活和工作条件的认识。小型加工商分享有关本地食品营养特性和使用本地产品（例如藜麦牛奶）加工食品的好处。厨师使用众所周知但也被忽视而未充分利用的植物（如羽扇豆）教授不同的食谱。因为如果消费者不知道如何准备可口的饭菜，那么他们就不太可能购买这些食材。

这种类型的市场互动拉近了生产者和消费者之间的距离。这种新形成的关系纽带在2018年和2019年夏季发生山体滑坡和洪水期间突显出来。由于这些灾害现象，农村地区的几条主要道路和通往城市的所有高速公路的通行受到限制甚至完全受阻，导致交易费用增加。在这些小农户和加工商的困难时期，消费者向他们送去衣服、防水靴、瓶装水和毯子以及其他必需品来为他们提供支持。

如果要消费者接受有机产品，那么与消费者建立信任至关重要，而这通常需要某种形式的质量保证体系。2019年6月，秘鲁第29196号法律赋予参与式保障体系和有机产品第三方认证以同等地位。因为第三方认证对他们来说复杂、昂贵且耗时，所以此举有望为小农户带来利好。然而，新法律也令小规模生产者获得参与式保障体系授权变得复杂、昂贵和耗时，给小农户带来了以下挑战：

- 技术和技术援助昂贵。
- 学术界与小农和加工商之间没有建立正式联系来促进几方共同创造知识。
- 基础设施不适配导致交易成本居高不下。
- 如果消费者愿意为产品支付高价，那么消费者对参与式保障体系的信任和体系的管理方式至关重要。但是参与式保障体系的建立很耗时，不仅需要技术援助，而且还很昂贵，同时需要法律认可。
- 目前，这些市场位于富裕地区，那里的居民可以支付高于市场的价格。为了实现第二条可持续发展目标"零饥饿"，这项策略还应包括向利马郊区最脆弱的社区提供健康和营养的产品。

　　生态农贸市场①是互动和学习的场所，在粮食体系的参与者之间产生协同作用，建立社区。政策要向支持适应小规模生产者和加工者的方向设计或做出调整，消费者需要认识到这一点并采取相应的行动。通过公众对政府施压，或通过消费者的直接行动，向生产者支付合理的价格，变革也会随之而来。

秘鲁巴兰科的农业生态博览会
©Liza Melina Meza Flore

①　阿班凯（Abancay）的沙拉芒（Chakramanta）农业生态博览会：www.facebook.com/watch/?v=2321945651373604

利马巴兰科生态博览会：www.facebook.com/feriaecologicabarranco/

秘鲁政府官方报纸对农民农业博览会（Agroferias Campesinas）总经理的采访。农民农业博览会是参观过的农贸市场之一：https://elperuano.pe/noticia/83135-mercado-de-productores-para-unir-el-campo-y-la-ciudad Ferias Frutos de la Tierra：www. facebook.com/Proyecto-Frutos-de-la-Tierra-220030798485795/ Feria Peruanos Naturalmente：www.facebook.com/events/448190125956686/Festival Conservamos：www.facebook.com/events/2279128745507548/

位于中国云南的农场
©Clément Rigal – Cirad/Icraf

5

通过建立联盟
加强当地社区倡议

山区家庭农业：经济效应、环境效应、社会效益和文化效益协同发展的地方

Svea Senesie

家庭农场生产了全球80%以上的粮食，同时还能提高农业的环境可持续性，恢复生物多样性和保护生态系统，提供传统的营养食品。联合国家庭农业十年（DFF，2019—2028年）是突出小农户作用的重要机会，为设计和实施全面的经济、环境和社会政策，营造有利环境，提高家庭农业的地位提供支持。

家庭农业十年行动计划的优先事项包括建立有利的政策环境、支持青年和促进家庭农业中的性别平等以及发挥农村妇女的领导作用。此外，需要加强家庭农民的组织和能力，提高社会经济包容性，确保家庭农民的适应性和优质生活，并为保护生物多样性、环境和文化的区域发展和粮食体系做出贡献。

森林与农场基金（FFF）为森林和农场生产者组织（FFPO）的集体行动提供支持，帮助他们提高宣传技巧，让他们的权利得到承认，提高他们的技术和业务能力，以发挥减缓和适应气候变化的作用，改善粮食和营养安全。自2012年以来，该基金已覆盖 10 个伙伴国家（多民族玻利维亚国、冈比亚、危地马拉、肯尼亚、利比里亚、缅甸、尼泊尔、尼加拉瓜、越南和赞比亚）的947多个森林和农场生产者组织。在越南，森林与农场基金正在与北堪（Bac Kan）、安沛（Yên Bái）、平和（Hoa Binh）和山萝（Son La）的12个山区公社的家庭农场合作。

位于中国云南的农林复合农场
©Clément Rigal - Cirad/Icraf

中国云南用人类植物学
优化农林复合种植

Clément Rigal、Jianchu Xu 和 Philippe Vaast

人们日益认识到传统农业实践与环境退化之间的联系。小农最容易受到市场波动和气候变化的影响，所受影响也更为严重。在中国云南，当地政府和研究人员正在合作，为咖啡种植农户提供可持续的农林复合种植解决方案，旨在保护环境和保障当地人民生计。

云南省是中国主要的咖啡生产区，拥有超过10万公顷的小粒咖啡种植园。随着国内经济改革，咖啡生产在1990年呈现了繁荣景象。耕作制度（全日光的单一种植）和管理做法（高肥料投入）是为高产而设计的，但产量数字的上升却是以牺牲环境可持续性、生物多样性保护和土壤健康为代价的。

为了解决这些问题，2012年，云南南部地区的地方政府实施了一项大规模的计划，将单一种植的咖啡系统转变为农林系统。越来越多的证据表明，遮阴树在可持续咖啡生产系统中十分重要，还能够为增强气候变化适应性提供多种可能。当地推广负责人利用这些数据，选择了十几种这样的树种，并向所有咖啡种植户免费发放幼苗。在云南南部，农林复合种植的推广迅速提高了土壤

施肥
©Clément Rigal - Cirad/Icraf

生物肥力，使咖啡树免受气候灾害影响，并保持了咖啡的高产。

　　然而，当地推广部门没有充分利用农民的第一手经验，也没有因此量身定制解决方案以满足个别农民的需求。山地未来中心（Centre for Mountain Futures）与国际农用林业研究中心（ICRAF）和昆明植物研究所合作，论证了在选择和推广遮阴树种方面采用自下而上的方法的可行性，这种方法的核心理念是，所有农民都具备地方生态知识（LEK），了解不同种类的遮阴树种对咖啡种植园的影响。

　　这种地方生态知识结合了传统知识和在新兴咖啡－农林复合系统工作的第一手经验。对农户的地方生态知识进行综合汇总和整合，可以加强对遮阴树种选择的科学研究（图5）。

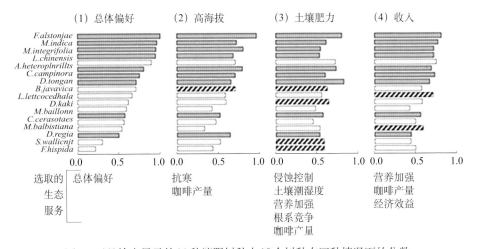

图5　工具输出显示的30种遮阴树种中18个树种在四种情况下的分数

　　（1）总体偏好；（2）暴露于霜冻风险的高海拔农场；（3）化肥投入有限或无化肥投入的农场；（4）主要种植和管理树木以实现收入多样化的农场。

灰色框表示可以促进的物种；条纹框表示在特定情况下得分较高的非促进物种。

资料来源：Rigal等，2018。

　　在这项研究中，143名咖啡农接受了采访，以评估他们对最浓密的遮阴树种的感知影响。受访者年龄范围跨度大（从23岁到62岁）且都是当地的少数民族群体，同时也考虑到了性别的比例，使采访更具代表性。这一研究分析形成了一个得分数据库，反映了30种遮阴树种在9个维度上的感知表现：①提高咖啡产量；②带来额外的经济利益，如水果、木材等；③保护咖啡树不受霜冻；④保护咖啡树免遭热浪袭击；⑤抑制杂草；⑥通过改善养分循环提高土壤肥力；⑦提高土壤湿度；⑧限制土壤侵蚀；⑨限制根系竞争。例如：银合欢（*Leucaena leucocephala*）下套种的咖啡产量得分接近最高分1分。这意味着根据农民的说法，套种在这种遮阴树种下的咖啡产量比所研究的大多数其他树种都要高。但该树种在附加的经济效益方面得分接近最低分0分。这意味着，这一树种带来的经济收入比所研究的大多数其他树种都要少。

这种以地方生态知识为基础的研究方法产生了大量关于遮阴树种和生态系统服务相互关系的结果。这表明，大多数咖啡农认同当地政府选择的十几种树种，特别是那些有可能保护咖啡树免受气候危害并带来巨大经济效益的树种。巨大的经济效益，通常是通过增加产量或将更成熟的树木移植到城市环境中进行绿色营销活动得以实现。菠萝蜜（*Artocarpus heterophyllus*）和银合欢是最受咖啡种植者的普遍赞誉的两种遮阴树种。但是由于难以获得木材采伐许可证等原因，咖啡农通常忽视了具有强大生态系统服务潜力的本土用材树，如山含笑（*Michelia baillonii*）和红椿（*Toona ciliata*）。

这些数据具有重大的政策意义，为后续根据实际情况给咖啡农选发幼苗提供了信息依据，但在实地耕种层面仍存在差距。为了弥补这一问题，该数据库集成了一个在线决策工具，可以根据农民的个人需求提供遮阴树种建议。例如，你在高海拔地区种植，且希望找到能够提高咖啡产量、保护咖啡树免受霜冻和提高土壤湿度的遮阴树种，该工具将确定在这三个目标中提供最佳平衡的树种。考虑到细微的环境差异，这一工具为完善促进农林复合系统的努力铺平了道路。下一步，如果把这一工具纳入公共和私人货运服务模式，将为滇南的咖啡种植者带来实实在在的好处。

基于当地生态知识的结果仅与当地相关，但本研究中使用的方法适用于全球。例如，最近在坦桑尼亚联合共和国和乌干达发布了关于遮阴树种在咖啡-农林复合系统中提供生态系统服务的类似结果。这些研究结果被录入到不断丰富的遮阴树种及其提供的生态系统服务的网络数据库中，扩大了在线工具的影响力，也扩大了此类研究的范围，为世界各地有需要的农民带来利好。

尼泊尔大黑豆蔻的农业生态
恢复力实践

Surendra Raj Joshi 和 Nakul Chettri

大黑豆蔻是喜马拉雅山东部边缘农民的重要经济作物。它是原生态的，须投入的工作量很少，且不依赖于高投入。然而，气候变化和缺乏产品特征分析增加了农民的风险。干预措施的制定侧重于一揽子做法（POP），以减少风险和建立复原力。

大黑豆蔻（*Amomum subulatum* Roxb.）原产于喜马拉雅山东部，在不丹、尼泊尔和印度喜马拉雅山东北部各邦作为经济作物广泛种植。它是一种高价值、低产量的作物，在边缘土地上生长良好，很适合山地环境的农林复合系

旱季大黑豆蔻灌溉蓄水
©Nakul Chettri

改进干燥机，提高豆荚质量；减少薪材使用
©Nakul Chettri

统。大黑豆蔻是农民的福音，也是该地区的主要出口商品，国家和地方政府优先考虑其生产和推广。近年来，由于高回报和市场需求的增加，大黑豆蔻的种植面积呈指数级增长。然而，产量和市场价格的大幅波动促使农民探索更可持续的生产和贸易模式。这些波动是由以下两大挑战造成的：

- **气候变化**：极端气候事件、降雨异常、病虫害增加、雹暴和降雪对传统管理做法和作物周期产生影响。例如，由于气温上升和传粉昆虫减少，开花和收获时间发生了变化，导致坐果减少。

- **国际竞争和不稳定的市场**：豆蔻属（*Amomum*）、小豆蔻属（*Elettaria*）和非洲豆蔻属（*Aframomum*）中的几种植物都属于姜科（Zingiberaceae），它们被称为小粒豆蔻（Cardamom），它们不仅在当地有不同的名称，其味道、香气和化学成分也有很大差异。根据干果的外观，小粒豆蔻通常被描述为绿色、白色、黑色或红色，并根据果实大小和形状（如小、大和圆）进行索引。绿色小粒豆蔻（*Elettaria cardamomum*）在危地马拉、印度、斯里兰卡和其他热带国家有栽培记载。大黑豆蔻是一种特殊的小粒豆蔻，只生长在不丹、印度和尼泊尔。虽然近年来对小粒豆蔻的总体需求有所增加，但其他国家小粒豆蔻种植面积的扩大导致竞争加剧，国际市场价格下跌。来自喜马拉雅山东部的大黑豆蔻必须在价格上与绿色、白色和大粒豆蔻竞争，因为它们在国际市场上的定位几乎相同。然而，大多数关于小粒豆蔻国际贸易、市场参与者和使用的数据都是通用的。与此同时，由于产量波动和市场波动，对大粒豆蔻的依赖增加给农民带来了更高的风险。例如，2014年，尼泊尔的大粒豆蔻胶囊价格为每千克28美元，2017年降至每千克10美元。

为了应对这些挑战并改善从事大黑豆蔻农林复合种植社区的生计，国际山地综合发展中心（ICIMOD）与合作伙伴共同制定了一套方案，并在尼泊尔达布莱宗（Taplejung）地区进行了示范。这一套方案是基于一系列实地研究、观察、互动和文献综述，并整合了在干城章嘉峰景观的不同区域开发的气候智能型实践和创新。它的重点是：①通过整合大粒豆蔻农场的蜜蜂、豆科植物和果树，使收入来源多样化；②了解生态系统服务和生态系统管理，包括社区主导的微观计划和集体行动；③加强市场联系和企业发展；④示范适应气候的耕作方法，如有效和高效用水、可再生能源、根据天气预报和气候服务进行作物管理、绿肥、蚯蚓堆肥、替换老遮阴树以及获得服务和市场价格信息及作物咨询。

大力强调加强机构联系、社区动员和能力建设，以确保种植的可持续性。通过与社会企业合作，社区成员正在接受培训，以便用豆蔻豆荚制作附加值高的产品，如豆蔻粉、豆蔻印度香饭和豆蔻混合茶。传统上，豆蔻的茎需要被丢弃，但经过培训后，许多企业开始使用豆蔻纤维来编织桌垫等产品。此外，基于短信的信息服务已将农民与市场价格、天气预报和作物咨询联系起来。

根据2015年底和2018年初分别进行的基线和终点线调查显示，目标群体对持久性有机污染物的吸收率较高，与非目标群体相比，目标群体的损失显著减少（图6）。通过协调研究、提高产量的技术交流、建设有组织的市场和基础设施以及制定兼容的区域政策，有机会进行跨界合作，以促进大粒豆蔻成为一种区域产品。下一步将是通过告知市场参与者大粒豆蔻的独特属性，将大粒豆蔻定位为具有区域一致标准的小众产品。不丹、印度和尼泊尔已将大黑豆蔻列为重要的出口创汇商品。尼泊尔已将其列入国家贸易一体化战略（2010—2015年和2016—2020年）。不丹已将大粒豆蔻列为其"一村一品"政策下的重要产品。锡金政府非常重视推广这种作物，以支持农村生计。地方利益相关者目前正计划通过集体行动和共同营销的方法，将大粒豆蔻定位为具有独特属性的产品，并以地理标志保护作为支持。

大粒豆蔻产量对比（千克）			
类别	基线 2015	终点线 2018	差异（1%时显著）
受益家庭（n136）	100.57	153.64	53.06***
非受益家庭（n115）	107.38	106.83	−0.54
差异	−6.81	46.81**	DiD=53.60***

图6   大黑豆蔻产量的比较。非受益家庭的产量在基线和终点线之间保持停滞；然而，
受益家庭的产量增加了约53千克，这一增幅在统计上具有1%的显著性。

注：DiD代表方差，其计算公式为：$(C–D)–(A–B)$；其中，C为受益户尾数，D为非受益
户尾数；A为受益家庭的基线数字，B为非受益家庭的基线数字。星号表示数据收集前设定的显
著性水平；***、**分别代表在1%和5%时显著。显著性水平是当零假设为真时拒绝它的概率。
例如，***的显著性水平表示在没有实际差异的情况下，得出存在差异的结论的风险为1%。

资料来源：案例研究为作者自述，2020。

栽培物种有助于保护喜马拉雅
高山社区的野生植物资源

Umesh Basnet、Jesse Chapman-Bruschini 和 Alisa Rai

几个世纪以来，尼泊尔的山区农民一直在跨越喜马拉雅山进行珍贵的药用和芳香植物贸易。然而，野外采伐带来的巨大压力正威胁着这些物种的生存。高山研究所（TMI）与偏远的高地社区合作，开发了以自然为本的解决方案来改善生计，并提供替代传统野生采伐的可创收的方法。

作为阿育吠陀医学和传统中药的主要成分，来自尼泊尔喜马拉雅山的药用和芳香植物（MAP）产品长期以来一直被采摘、运输和跨境交易。大多数药用和芳香植物是野生的，最终主要运往印度，少量运往中国和一些西方国家。近几十年来，全球对尼泊尔非木材林业产品的需求不断增加，导致过度采伐和不可持续的采伐，使得野生药用和芳香植物迅速枯竭，即便在保护区情况也是如此。

截至20世纪90年代初，在尼泊尔东部可以清楚地看到过度开发的影响，那里的物种如獐牙菜（*Swertia chirayita*）、七叶一枝花（*Paris polyphylla*）、乌

拉苏瓦（Rasuwa）药用和芳香植物培训参与者，移植七叶一枝花的根茎
©Alisa Rai

头（*Aconitum* spp.）和喜马拉雅红豆杉（*Taxus wallichiana*）濒临局部灭绝。为解决这一问题，高山研究所开展了一项勘察研究，发现药用和芳香植物物种的不可持续采伐占农村家庭年现金收入的10%～50%，强劲的市场需求推动了野生采伐的增加。2000年，高山研究所开始了药用和芳香植物项目，重点是培训山区农民在自己的地块和退化的土地上种植药用和芳香植物，而不是依赖野外采摘。山区农民适应得很快，学会了在陡峭的山地梯田边缘种植药用和芳香植物，并将药用植物与其他经济作物和粮食作物进行间作。

举办讲习班培训感兴趣的农民有关的技术和实践知识。每个学员都会获得特定药用和芳香植物的种子或根茎，并教授实用的栽培技能。成立并依法注册药用和芳香植物合作社，支持企业发展、质量保证和公平利益分享。开展有关合作社管理和业务发展规划的培训和研讨会，有助于提高合作社获得融资和制定商业战略的能力（图7）。

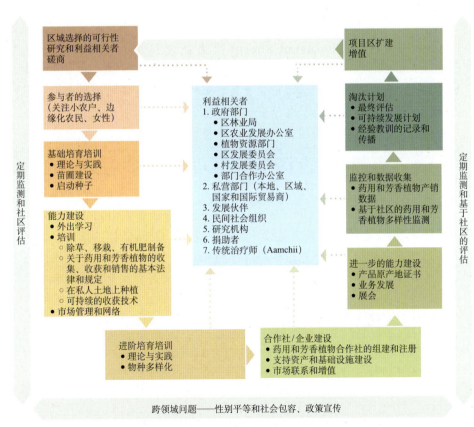

图7　高山研究所的药用和芳香植物栽培、商业化和保护计划

资料来源：高山研究所，2020。

　　高山研究所还支持对中国和印度进行实地考察，并为农民合作社建立市场联系，协助药用和芳香植物农民获得产品原产地证书，用来证明他们的药用和芳香植物不是从野外采集的。

　　在当地社区团体和非政府组织的帮助下，药用和芳香植物倡议现已扩大到尼泊尔东部、中部和西部11个山区的100个村庄。目前有超过18 000名农民正在种植药用和芳香植物，其中35% ～ 40%是女性。通过培训他们的邻居和亲戚，多年来，药用和芳香植物农民极大地扩大了该计划的范围和影响。超过2 500公顷的私人和退化土地正在种植13种不同的药用和芳香植物物种。药用和芳香植物储存库和收集中心，以及由社区管理的药用和芳香植物及饲料苗圃被建立起来。个体农民每年出售药用和芳香植物的收入从300美元到35 000美元不等。现在，除了努力在尼泊尔各地区推广这一举措外，高山研究所还在秘鲁安第斯山脉推广药用和芳香植物方法。该项目由当地社区实施，对当地高地生产者和他们未来所依靠的资源来说，项目已经起到了作用。

　　59岁的企业家Phinsum Sherpa原来是农民，她是桑库瓦萨巴（Sankhuwasabha）地区基马坦卡（Kimathanka）村主要使用药用和芳香植物的农民之一。2015年，她用出售自家种植的药用和芳香植物赚来的钱购买了一台磨面机。凭借药用和芳香植物和她的新企业带来的收入，她已经能够送她的儿子到加德满都学习佛学，并将她的一个女儿送到区政府所在地接受高等教育。

　　来自Chyamtang村的Goba Jamyang Bhotia和他的妻子Chhijik，都是58岁，一直在0.2公顷的土地上种植獐牙菜。以前，Goba靠打工挣钱，但收入不足以养家糊口。这对夫妇从药用和芳香植物销售中赚了足够的钱，用蓝色的金属屋顶换下了原来的竹席屋顶。凭借未来药用和芳香植物带来的收入，他们希望能够将孙辈送到Lingam附近的新私立寄宿学校，那里的学校教育比公立学校更好。

来自农场和森林的食物，
以冈仁波齐神山景观为案例

Kamal Prasad Aryal、Ram Prasad Chaudhary 和 Sushmita Poudel

　　生活在尼泊尔远西部冈仁波齐神山景观中的人们在很大程度上依赖于作物的多样性来获取食物、营养和收入。近85%的家庭在一年中的一个或几个月内完全依赖野生和非栽培的可食用作物。保护这种独特的农业生态系统对于这个粮食不安全地区的未来至关重要。

　　冈仁波齐神山地区是尼泊尔、印度和中华人民共和国共有的跨界区域。那里是多种族、多语言聚集地，拥有丰富的生物多样性，尤其是农作物和野生遗传多样性。然而，关于这些资源的可获取性、利用、对生计和家庭粮食安全的贡献以及家庭成员参与保护和管理多样性方面的记录很少。

在卡尔村作物多样性交易会上摆摊的妇女
© 国际山地综合发展中心/Pradyumna Rana

尼泊尔远西部的半山区地区很多都处于粮食短缺状态，在尼泊尔各地区的人类发展指数中得分最低。在高贫困率和长期粮食及生计不安全的背景下，人口外流率很高，其中大部分是男性。

国际山地综合发展中心在达丘拉（Darchula）区卡尔（Khar）村发展委员会进行了一项研究，考察了当地栽培作物和野生作物的多样性、它们的用途、在生计中的作用和影响（图8），了解当地对作物保护和管理看法的性别差异。

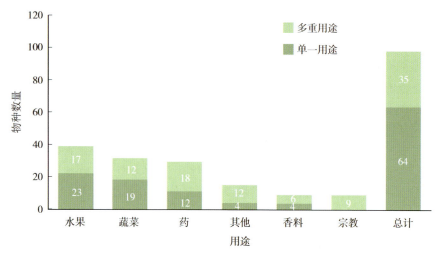

图8　野生和非栽培可食用作物的使用

资料来源：案例研究为作者自述，2020。

图9　传统作物衰退的原因

资料来源：案例研究为作者自述，2020。

　　该研究记录了37个植物科的88种作物（蔬菜、香料、水果、豆类、谷物和假谷物）的235个品种。主要作物中品种多样性最高的是玉米，其次是水稻、小麦和豆类。然而，只有5%的家庭能够通过自己的生产来满足每年的粮食需求；其余的只能在10个月或更短时间内自给自足。在粮食短缺月份，各家各户采取了多种应对策略，包括季节性迁移到区政府所在地和印度部分地区工作、销售农产品和畜产品、采集和销售冬虫夏草（*Ophiocordyceps sinensis*）以及收集野生和非栽培可食用作物（WNEP）。除了栽培作物，该研究还记录了属于60个植物科的101种野生和非栽培可食用作物。更重要的是，近85%的家庭一年中至少有一个月完全依赖野生和非栽培可食用作物过活。

　　野生食物在粮食短缺时期至关重要，有可能成为农民种植的普通蔬菜作物的重要替代品。该研究还表明，农民优先考虑那些带来好处更多的物种，例如可提供食品和营养安全及家庭医疗保健的物种。政府设计保护这种多样性的干预措施是十分重要的。 这表明要制定保护和恢复计划，明确指向对家庭营养和健康至关重要的物种。对于某些物种来说，一开始在家庭花园中驯化它们会更好，因为那里可以为它们提供更多用水和以有机物为主的生产系统，更容易抵御捕食者，家庭成员也可以密切关注它们的情况。

　　不断变化的饮食习惯、口味和生活方式，以及当地市场现成食品的供应，导致农村饮食中越来越忽视传统食品（图9）。因此，传统产品多样化和营销策略等综合性研究和开发十分必要，以促进当地多样性和生态系统保护，确保生产者取得更好的回报。

当地人必须参与作物多样性的保护和管理，因为他们既是资源的守护者，也是资源的使用者，对资源最了解。该研究强调了女性作为种子保管员发挥的作用以及她们保护多样性的重要性。政府和民间社会干预措施必须以改善远西地区粮食安全为目标，将妇女及其关注的问题作为研究和推广的重点。

在我成长的过程中，我们曾经种植过多种传统作物，如手指小米、苋米、粟谷、黍、大麦和荞麦。那时人人都爱吃手指小米、荞麦和玉米面包。我们自己生产的足够我们一家人吃，不依赖市场。

人们已经不再种植小米、苋米和大麦等传统地方品种。现在甚至很难找到这些品种的种子。吃米饭是时髦的标志，而吃小米是落后的标志。诸如此类的项目将帮助我们保护传统种子。也许我的孙子们将来可以对这些作物加以利用。

Jaymati Badal
77岁，达丘拉区卡尔的居民，来自一个妇女团体
该团体主要收集种子、水果和其他作物

为山脉注入活力
——用太阳能种植尼泊尔有机苹果

Menila Kharel、Renuka Rai 和 Pooja Sharma

近期，尼泊尔久姆拉区（Jumla）的许多小农户都遭受了干旱的重创。利用太阳能进行灌溉是一种适应气候的技术，如今这项技术正在帮助这些农户增加有机苹果产量。

在久姆拉区，超过85%的山地小农以雨养农业为生，女性占农业劳动力的60%以上。这片山区于2007年被宣布为尼泊尔第一个有机区，知名的产品包括有机苹果、当地原生的水稻品种Marshy、久姆拉豆、核桃和一些药草。有机农业不仅仅是这些山地小农户的经济活动，而是一种生活方式。

有机苹果是久姆拉区小农的主要收入来源，但事实证明，城市市场的强烈需求难以供应。由于降雨不稳定和干旱等气候变化的影响越来越大，灌溉变得越来越必要，这是一项重大挑战。虽然附近的蒂拉河提供了丰富的水源，但由于缺乏技术，小农户没有可靠的灌溉水来源。妇女从河流中取水灌溉她们的土地，这对她们的健康生活造成了严重影响。

为了解决严重的水资源短缺问题，久姆拉区引入了太阳能灌溉系统。作为欧盟、泽西岛海外援助和实际行动的一项联合倡议"建设农业和林业部门公民社会组织的包容性和可持续增长能力"项目的一部分，这项技术包括安装由可再生能源驱动的水泵，其目的是为公共和私人投资扩大规模提供参考。

道拉帕尼久姆拉的有机苹果种植
©Archana Gurung

73

久姆拉的建设农林部门公民社会组织的包容性和可持续发展能力项目下的太阳能灌溉
©Archana Gurung

在项目期间（2017—2019年），共有5个太阳能灌溉系统在蒂拉河沿岸进行了展示。它们每天产生20 000升水，这些水被收集在储水罐中，根据需要分配到田间。这些系统现在灌溉了8公顷土地，130户家庭直接受益。

该项目与当地市政府和一家私营公司合作，为安装水泵提供技术支持并培训当地人进行维修和保养，该项目采用按用水收费的形式作为商业模式，各家各户象征性支付一定费用作为每月的用水费。收取的费用存入银行用来支付系统维护费用，保证了可持续性。

除灌溉技术外，该项目还在加强当地有机农业生产所需的知识体系方面提供帮助，提供蔬菜种子，开展改进耕作方式的培训，建立农民商学院，帮助农民提升创业技能，以及建立气候教学基地提高农民对气候变化和气候适应性农业实践的认识。此外，该项目还在与市政府和其他利益相关者建立市场联系和联络网方面提供了援助。

小农户现在可以获得足够的水用于灌溉、牲畜养殖和家庭用水。因此，道拉帕尼又种植了2 500棵苹果树苗，小农户扩大了有机苹果园面积并开始间作，生产时令和非时令有机蔬菜用于商业销售。及时、足量供应的水提高了他们种植有机苹果和蔬菜的产量和质量。

太阳能灌溉系统大大减轻了妇女的工作量，从而改善了她们的健康状况。由于收入增加，家庭的营养状况得到改善，从而提高了山地地区的生活质量。有机农业带来的机遇减少了人口季节性迁移。男性已经开始返回家园，许多男性正在与女性一起努力推进有机农业和其他创收活动。

为气候适应性实践和技术的公共和私人投资创造有利环境，对保持这些山区农民从事有机生产的势头至关重要。久姆拉品牌的有机苹果在尼泊尔广为人知，迄今为止取得的进展预示着该地区将其苹果产品多元化发展的可能性，可以将苹果生产成果汁、果酒和切片等，确保太阳能灌溉的优势在未来得以延续。

有机家庭农业有助于保护巴拿马水域

Alberto Pascual

　　各式各样的水果和蔬菜生态化生产是保证家庭农民生计和巴拿马圣玛丽亚河流域上游可持续利用的关键。山区小农户保护圣达菲农业生物多样性的做法有助于上游和下游社区适应气候变化和保护水资源。

　　巴拿马圣达菲山区位于圣玛丽亚河流域上游，海拔超过1 900米，在调节水文循环和保护生物多样性方面发挥着重要作用。居住在该地区的家庭农民对这一流域做出了重要贡献，该流域为生活在贝拉瓜斯、科克莱和埃雷拉3个省份的20万多人供水，以及为生活在土著地区 Ngäbe-Buglé 的部分居民供水。圣玛丽亚河流域上游的山区有两个保护区——圣达菲国家公园（72 636公顷）和拉耶瓜达森林保护区（7 090公顷）。

　　自2019年以来，当地非政府组织社区基金会（Fundación Comunidad）一直与20名有机家庭农民合作，在该水域实施参与式保障体系，旨在促进可持续发展和推广山区产品。该计划的核心是42年前由一对夫妻Encarnación和

巴拿马的女性农民
©Fundación Comunidad

Maria Rodríguez建立的家庭农场Finca Orgánica Maria y Chon。农场占地3公顷，其中1公顷用于花卉和水果种植，2公顷是森林保护区，其中包括30年前种植的桃花心木（*Swietenia macrophylla*），用于保护地下水源灌溉。

Finca Orgánica Maria y Chon有机农场分为几块地块，种植了60多种本地品种的兰花，以及阿拉比卡咖啡和其他作物。Maria用芒果和香蕉制作果酱，用时令水果制作浓缩汁。农场还为游客提供住宿。

这对夫妇获得了政府对柑橘、香蕉和蔬菜的有机认证三类农作物，2018年这些作物的总产量为11 477千克。农场种植的其他农作物包括辣椒、西兰花、洋葱、青豆、生菜、克里奥洛橘子、瓦伦西亚橙子、黄瓜、甜菜、甘蓝、番茄和胡萝卜。

这个有机家庭农场与传统农业系统相关联，在传统农业系统中，生物多样性通过混养和农林业得到保护。Encarnación和Maria使用作物轮作技术，并将蠕虫和波卡西（bokashi）堆肥作为有机肥料用于土壤保持。

像这对夫妇这样的家庭农民在自然资源的可持续管理中发挥着重要作用。他们正在加强山地生态系统的适应能力并增强山地生态系统应对气候变化潜在影响的能力。

近年来，巴拿马在促进家庭农业方面取得了重大进展。2018年，政府与粮农组织合作发布了国家家庭农业计划，指出了提供支持的领域，包括政府治理、金融、保险、研究和营销。2020年1月，以此项战略为基础的法律被批准实施，家庭农业部门变得更有生命力、更有前景。

苗圃里的咖啡树
©社区基金会

罗马尼亚的卡帕特绵羊项目
——一切都从草地开始！

Andrei Coca、Ioan Agapi 和 Peter Niederer

瑞士-罗马尼亚合作倡议旨在通过将传统活动与现代食品安全措施和经济相结合，以巩固喀尔巴阡山脉的耕作方式。其目的是为了让整个价值链上的相关方受益，通过一系列精心策划的加工和销售步骤，将采用历史悠久的传统技术的山区生产者与最终客户联结起来。

在罗马尼亚，农业仍然是涉及36%人口的劳动密集型部门。该国农业占国内生产总值的21%，是经济社会的重要组成部分。罗马尼亚喀尔巴阡山脉养育了1 400多万只羊，采用传统技术生产了高质量产品。然而，截至目前，由于缺乏有效的销售渠道和分销网络，很难在商店或餐馆找到这些产品。

罗马尼亚喀尔巴阡山脉的小屋
©罗马尼亚山地农村发展协会

农民在牧场上播种
©罗马尼亚山地农村发展协会

罗马尼亚山区的传统畜牧业系统是因罗马尼亚对羊圈的称呼——斯塔纳而来。在放牧季节（5—10月），整个地区的羊都被送到几乎没有道路、水和电的高山牧场。为了实现畜牧养殖产业价值链的现代化，4个罗马尼亚非政府组织，即多尔纳山地农民联合会、Agrom-Ro、罗马尼亚山地农村发展协会和露天基金会，与瑞士山地中心一起开发了卡帕特羊项目。该倡议旨在加强农民协会建设，提高其谈判能力，创造营销机会，创建和巩固品牌，提高消费者对优质山地产品的兴趣。在罗马尼亚东部的喀尔巴阡山脉，共建造了6个示范羊圈。这些羊圈设备齐全、设计精巧，将传统的高质量生产技术与欧洲的卫生、可追溯性和食品安全标准有机结合。

项目活动涵盖了价值链的所有阶段，从草地的质量开始，到最终提供给消费者的产品。第一个关键步骤是，在播种本地草地时加入本地药草，从而提升牧场饲草的质量，以及保证动物制品和奶酪制品生产的水源。约有636名农民接受了牧场管理方面的培训，改善了1 155公顷牧场的花草结构。另外还建造了6个羊圈和6个羊舍。

　　通过提供技术援助达到兽医的要求、为三组产品的可追溯性和食品安全合规性提供技术支持、帮助进行营销和品牌建设，更多产品得以进入市场。在两年的时间里，奶酪的销售量增加了80%，且黄奶酪的价格上升了13%，意大利干酪的价格上升了21%。该项目还增加了新的营销渠道，如市场、地区博览会、当地商店和提供早餐的旅馆。

　　共有546名农民从关于农场管理和补贴条件的职业培训课程中毕业。有188人在项目现场进行了经验交流访问，项目还组织罗马尼亚生产商参观了法国的牛奶加工厂。此外，6个当地的农民协会不仅和议会签署了合作协议，也和国家或地区主管部门签署了合作协议。

　　同时，一些制度性措施也有助于推动喀尔巴阡山脉以羊为主的产业链建设。2017年，罗马尼亚正式为山地产品引入了"山地产品"的标签。不久之后，罗马尼亚政府通过了《山地法》，该法案为农民提供了获得资金的机会，以便按照喀尔巴阡山脉卡帕特绵羊项目的模式建造羊圈。实施项目的卡帕特绵羊小队正在考虑对6个试点羊圈开展进一步的创新试验，为生产者和其他对发掘山地产品潜力感兴趣的价值链参与者开展能力建设。

©罗马尼亚山地农村发展协会
罗马尼亚山地产品和卡帕特绵羊的商标

智能和有机
——瑞士山谷将未来押注于可持续区域发展

Cassiano Luminati 和 Diego Rinallo

　　土地开发的智慧方法既适用于农村地区，也适用于城市地区。瑞士波斯基亚沃山谷（Valposchiavo）通过地域品牌推广及基于参与式治理和跨部门的智慧规划战略，将当地有机产品产量从60%提高到90%以上。

　　波斯基亚沃山谷是瑞士格劳宾登州南部的一个意大利语区谷地（占地269.3平方公里，有4 700名居民）。早在20世纪90年代，该山谷60%的农业用地就被认证为有机土地，主要用作草药和牛奶生产。当时，农业生产、食品加工和旅游部门之间的合作有限，有些传统作物已经消失了。

瑞士波斯基亚沃山谷
©波斯基亚沃

波斯基亚沃山谷的几家餐馆已承诺在其菜肴中使用当地产品
©Valposchiavo Turismo

　　然后，在2002年，当地博物馆收购了Casa Tomé。Casa Tomé是一个14世纪的农舍，现被改造成了一个展示该地区农业遗产的体验馆，包括到附近的田地上进行教育性参观。人们由此产生的对当地农作物的兴趣，促进了当地区域性品牌的发展，该品牌由旅游管理组织Valposchiavo Turismo与当地农民、手工业者和贸易协会合作创立，并得到了波斯基亚沃山谷地区的政府支持，于2015年进行试点。到今天，超过150种产品被认证为100%由当地生产和使用当地原料制造的：贴有100% Valposchiavo标签；或主要由当地产品制成，其附加值至少有75%来自本地（Fait sü in Valposchiavo）。此外，13家餐厅已经签署了"100%波斯基亚沃山谷生产章程"（"100% Valposchiavo Charter"），承诺使用100%当地产品制作至少三道本地菜肴。该倡议促进了当地的有机生产，将波斯基亚沃山谷定位为一个美食之都，并创建了当地的食品原料市场。这也激发了农民和生产者之间的创新和合作。一个典型的例子是波斯基亚沃乳业公司（the Poschiavo Dairy）与当地一位农民合作，为"100%波斯基亚沃山谷制造"（"100% Valposchiavo"）披萨提供当地生产的马苏里拉奶酪和番茄。

　　2017年底，14位当地农民和食品生产商与旅游管理组织Valposchiavo Turismo联合建立了"100%波斯基亚沃山谷（有机）生产协会"，当地90%以上的农业产品是有机产品。2012年，波斯基亚沃山谷地区和农业基金运营团体制定了一个初步的区域发展项目，该项目于2015年提交瑞士联邦，并于2019年获得批准。2020—2024年，该项目将用于资助防止原材料外流的举措、支持少数尚未转为有机生产的农场开展有关行动，以及当地产品的集体营销和推广措施。政府和私营部门的投资总额预估为1 592万瑞士法郎（1 740万美元）。

另一个正在进行的项目，波斯基亚沃智慧山谷有机项目，将通过保护当地景观和增加其价值，为山谷的土地发展做出贡献。

文化、社会、经济和气候的变化正影响着山谷地区的特色、回忆、价值观和风景。为了降低这些风险，该项目将联合研发一个交互式的、可更新的关于社区和土地价值的超级地图。该地图以参与式过程为基础，能够确定土地价值及其在景观中的价值定位，使用户能够直观地看到正在发生的土地冲突，平衡文化、经济和生态利益。

该项目还将培训景观协调员来传播景观的价值和美感，并创造新旅游体验；发展学校项目，向子孙后代传递土地知识和价值观；支持以农业和旅游业协同效应为基础的区域营销举措；并将当前的举措与长期战略相结合，为"智能山谷有机"认证奠定基础。这项倡议将由 Polo Poschiavo 中心负责协调工作，该中心致力于继续教育和支持土地开发项目，涉及农业、教育、文化、旅游和商业领域的当地利益相关方也将参与其中。其成果将为阿尔卑斯山区的全球重要农业文化遗产系统（GIAHS）的发展奠定基础。

这两个案例都强调了通过部署规划良好、协调一致的举措来增强相互的影响，从而实现可持续土地发展的潜力。当地品牌可以促进当地农业食品供应链的重组，并加速重组的进程。实现可持续土地开发的智能土地管理方案应该以跨部门倡议、开展当地技能教育、参与式智慧系统为基础，并让当地利益相关者和社区参与其中。方案还应该面向未来，将大趋势如何影响正在进行的举措考虑在内，为未来的挑战做好准备；从注重遗产保护的角度来说，不仅要确保当地的文化遗产得到保护并传给下一代，还要保证重要的传统作物、生产技术和消费仪式不会被遗忘。

其中主要的挑战包括：难以将相关方团结在共同的愿景中；消除趋向于躲避风险的社区成员的质疑；为项目寻找资金和适当的"机构归属"，使其具有稳定性；以及提出各个方面的倡议从而促成自给自足的良性循环。

有机肉桂合作社在越南发现了人数上的优势

Vu Le Y Voan 和 Pham Tai Thang

　　越南山区安沛省的肉桂种植者已经意识到合作的好处。自2015年以来，在这片森林资源丰富地区的生产者被组织起来共同种植有机肉桂，从而获得了更高的收入。

　　在2015年之前，在Dao Thin公社的自然林、肉桂树和其他树木的混合景观中，肉桂生产者没有任何市场信息或谈判能力，以个体经营者的身份独自向中间商出售产品。所售出的肉桂价格很低且不稳定。同时，高成本的化学肥料和农药投入也使肉桂生产者的收入受到严重影响。

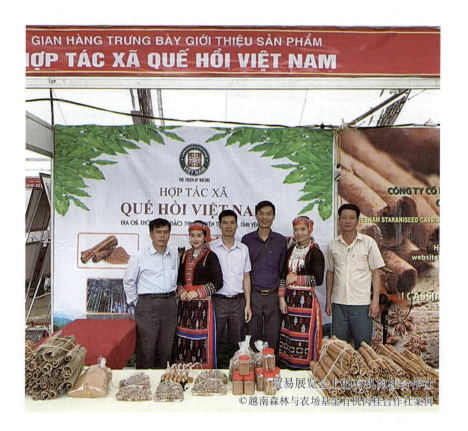

贸易展览会上的有机肉桂合作社
©越南森林与农场基金有机肉桂合作社案例

83

在森林与农场基金项目的帮助和越南农民联盟（VNFU）的支持下，肉桂树种植者开始实施一项新的战略，以联合在一起共同接受有关有机耕作、改进种植方式、加强营销和商业技能的培训为基础。

第一项举措是成立4个肉桂合作小组，不过成员们很快意识到合并起来更合理，因此他们现在有39名成员和135公顷的肉桂林。这个小组制定了一个商业计划，进行了市场调研，寻找潜在的买家，并在农业博览会上介绍肉桂产品。成员们还开始学习种植和运用有机肉桂种植方式来提高产品质量。

通过森林与农场基金组织的一系列圆桌会议，生产者、地方政府机构、中央政府官员、银行和企业都参加了讨论，研究并解决了肉桂种植团体所面临的主要问题。当地政府批准了一项有机肉桂发展战略，并支持该团体修建了近2公里的林间小路。一家从事加工和分销的私营公司表示有兴趣提高有机肉桂产品的质量，以满足出口市场的需求。

2016年，该小组成员成立了一个合作社，来扩大他们的有机肉桂生产、加工和商业活动，并为加工厂租赁了土地。一些成员与他们在圆桌会议上认识的公司负责人一起，将自己的资金投入到有机肉桂加工的联合企业中。

在逐步扩大有机肉桂生产面积后，2017年，小组成员与越南Samex出口公司合作，在Dao Thinh成立了越南肉桂和八角合作社。农民们现在种植了超过500公顷的有机肉桂，当地政府允许合作社租用9 900平方米的土地来建造工厂。

该合作社目前向国内买家及来自欧盟和日本的进口商销售各种洗净和烘干的有机认证肉桂。除23个创始合作社成员外，有500多名准成员向加工厂供应有机肉桂。由于有机肉桂的价格比传统产品高出30%，人们的收入也相应增加。合作社还组织培训并实行内部控制制度。

> *Yên Bái*地区拥有森林和农场的双重优势。森林与农场基金帮助林业和农业生产者加强区域的团结，帮助小组和合作社与地方政府、机构和部门联系起来解决小组和合作社的问题。此外，森林与农场基金还支持他们寻找生产和商业合作伙伴，特别是在Dao Thinh公社生产有机肉桂的情况下，增加了*Yên Bái*地区农民的收入，并促进了森林和农场的可持续发展。
>
> Giang A Cau
> *Yên Bái*农民联盟主席

肉桂产量已增加到每月80～100吨，有12种有机肉桂产品，为多达100人创造就业机会，其中大多数是妇女。超过600名农民接受了肉桂及其他作物

有机肉桂
©越南森林与农场基金有机肉桂加工案例

和树木有机种植的培训。

　　发展有机农业的经验增强了人们的信心，在越南农民联盟的支持下，成立了两个新的集体小组，旨在实现有机生产基地的多样化。一个小组种植有机草药植物，另一个种植有机桑葚用于养蚕。两组现在都采用参与式保障体系来把控有机产品的质量。为了在越南推广有机农业和生态农业，森林与农场基金目前正在为水稻、果树、草药和森林管理委员会认证的竹子提供有机农业种植和参与式保障体系操作方面的培训，将生产者与企业和市场联系起来，促进其可持续发展。

　　　　在森林与农场基金的推动下，种植者们意识到组建一个团体可以帮助他们共享市场和技术信息，整合他们的产品供应，并有望为他们的产品争取更好的价格。森林与农场基金早期建立信任的过程十分关键，就是这点促成了4个小组的形成，当地称之为"To Hop Tac"。

Duncan Macqueen
国际环境与发展研究所

85

在亚美尼亚的山地收集野生药草
©Darman Tea/Ruzanna Kartashyan

6

促进以人为本的方针，
实现山地农业生态系统
的包容性和可持续发展

认识文化和农业之间联系的价值

Clelia Maria Puzzo

在保护环境的同时，有多种举措可以将山地农业的潜力转化为切实的利益，为农民的粮食安全、文化传统和收入带来好处。这些举措包括产品标示、农业旅游体验、技术创新和创建小众市场，所有这些都是围绕山地农业系统的独特性和确保核心要素的保护而设计的。

联合国粮农组织的全球重要农业文化遗产系统项目[①]对于提高人们对山地和其他特定农业生态系统的认识至关重要，有助于提升全球农业文化遗产在全球的影响力。该项目中包含的地区是当地社区几个世纪甚至几千年来成功保护农业生物多样性、景观和文化价值的地区。当地社区独有的强大社会文化环境以及文化与农业系统之间的相互联系确保了这些系统的可持续性。通过该项目，粮农组织强调的是有助于形成独特农业耕作方式的当地知识。这些知识已被证实是可持续的，并在应对当前的全球挑战上具有重要的参考意义。例如，改变景观来保证可持续的土壤和水文资料，调整或者混种某些作物来增强抵御冲击的恢复力，以及根据季节和气候的波动而改变土地用途转而开展其他活动。

全球重要农业文化遗产项目以动态保护的概念为基础：认识到农业社区及其景观不能一成不变地得到保护，支持决策者制定行动，鼓励创新农村发展战略。

要成为全球重要农业文化遗产的一部分，该遗产地需要具备由政府机构提出适应变化的支持措施，并要经过利益相关方的协商。之后需要向粮农组织提交一份建议书，根据全球重要农业文化遗产系统的五个选择标准来描述该基地（粮农组织，2017）：

- 粮食和生计安全；
- 农业生物多样性；
- 当地和传统知识系统；
- 文化、价值体系和社会组织；
- 陆地及海洋景观特征。

---

① www.fao.org/giahs/en/

必须与有关社区一起制定动态保护行动计划，并向粮农组织提交一份支持机构和行动者的名单，作为申请地支持当地社区和保护该遗产地承诺的一部分。科学咨询小组对粮农组织收到的建议进行分析，在进行仔细的科学分析和实地考察后，确定该地点是否符合要求，并确定是否批准其申请。全球重要农业文化遗产系统的优势在于它能够促进国家和地方层面的合作，实施动态保护计划，在遗产地获得国际认可后就开始实施了。正如在认定的农业文化遗产系统中所观察到的那样，由于当地社区和公众意识的提高，与全球重要农业文化遗产认证相关的活动获得了资金支持，促进了这些地区的农村发展。

葡萄牙的巴罗佐农牧业系统
©蒙塔莱格雷市政府

可持续的野生植物采集
——亚美尼亚山区农村变化的驱动力

Astghik Sahakyan

　　全世界有数百万人生活在森林附近，通过采集浆果等植物来改善他们的生活。如果野生植物的采集是经过有机认证的，那么这个过程就不会威胁到生态系统或损害人们的健康。随着亚美尼亚有机茶业的发展，许多妇女农民现在能够通过参与采集野生植物来改善他们的生计。

　　亚美尼亚位于欧洲和亚洲的十字路口，其地貌主要是山区。2018年，农业产值占亚美尼亚国内生产总值的13.7%，高失业率（20.5%）和高贫困率（23.5%）成为亚美尼亚的重大挑战。在此背景下，政府将野生植物采集确定为

亚美尼亚农村妇女接受野生植物采集方面的培训
©Darman Tea/Ruzanna Kartashyan

一项有前景的减贫和可持续发展战略。虽然关于野生采集的数据不充分，但由于近年来有机农业的推广，对浆果等野生植物的需求已大大增加。越来越多的有机茶、果酱和果汁生产商在生产中使用野生作物，从而促进了行业发展。在山区采集的植物包括草药、浆果和野果。野生植物采集主要雇用农村地区的妇女（50岁及以上），这也是她们稳定收入的主要来源。

在世界银行集团2017—2020年亚美尼亚性别项目的框架内，国际农业企业研究中心、教育基金会与国际金融公司合作开展了一项研究。研究活动包括：确定野生采集的做法以及

野生植物收集和分类
©Darman Tea/Ruzanna Kartashyan

流行该做法的地区文化和传统，评估参与野生植物采集的妇女的能力，揭示妇女之间的技能差异，编制《可持续野生采集》手册，并为农村妇女提供培训。为了充分了解野生植物采集的范围，我们采访了18名妇女农民和采集者、4名中间商、9名加工者和3名零售商。这项活动还包括与国家官员、行业专家和亚美尼亚的有机认证机构进行会谈，进一步了解涉及农业生态系统的国家法规和涉及野生植物采集的有机农业标准。

该研究显示，与有机生产者合作有以下几个好处：

- **加强对可持续野生采集做法的了解**。在采集期之前，有机生产者为妇女采集者开展以下主题的培训：哪些东西可以采集（是否有禁止采集的濒危物种）？如何在不破坏环境和生物健康的情况下采集这些作物？根据有机标准，哪些采后活动是允许的？

- **妇女赋权**。对于退休妇女来说，找到新的收入来源、改善家庭成员的生活

质量是访谈的主要收获。妇女采集员培养了领导技能，成为生产者或加工商和其他妇女采集员之间的联络人，经常激励村里的其他妇女加入她们的团队。

● **增强生物多样性**。有机茶叶生产者与妇女采集者合作，致力于探索区域生物多样性，通过可持续活动保护自然栖息地，并提高不同利益相关方对生态系统的认识。目前有机生产者使用的植物不到100种，且还正在不断寻找生长在山区的新植物，确定它们的效用和可持续用途。

该项目的培训材料是与农业生态学家合作编写的，内容广泛，包括对亚美尼亚山区常见的植物和环境友好型农产品的收集和销售。项目帮助研究人员留意到一些植物物种已经濒临灭绝，因此促成了关于这一主题的单独培训模块。

该项目的最后成果是对农村妇女进行了可持续的野生植物采集培训，并提供了手册（亚美尼亚语版本可在线阅读）。共有20名妇女参加了由其他妇女主持的培训，其中包括老年妇女和青年妇女。培训是交互式的，让妇女农民分享她们在采集过程中面临的挑战，阐明有机生产者的要求，并与生产者和非政府组织代表建立联系。

玻利维亚生态系统保护的无刺蜂蜂蜜

Chiara Davico

当提到蜜蜂时人们会想到什么，答案势必会是蜂蜜或刺痛。但很少有人了解玻利维亚土著居民世代饲养的本地无刺蜜蜂。在玻利维亚，来自查科·德·丘基萨卡高地的妇女正在养殖美利波那蜂，以获得甘甜的液态蜂蜜，并在此过程中保护生物多样性和生态系统。

在玻利维亚，不同种类的本地无刺蜂分布在东部热带地区和丘基萨卡、圣克鲁斯和塔里哈省。该地区拥有丰富的生物多样性和林业资源，大量的本地无刺蜂负责为一年生和多年生作物以及许多其他生长在森林中的植株授粉。

妇女从她们的美利波那（melipona）蜜蜂中采集蜂蜜
©Slow Food

93

最近，在丘基萨卡，由于家庭农业管理的进步，养蜂已成为一项重要活动。2015年，位于海拔1 100～3 300米地区的5个妇女协会开始从事养蜂业，即以商业模式培育无刺蜜蜂以生产蜂蜜或授粉。其重点是保护环境和生物多样性，并获得额外的收入来源。

妇女独自负责养护这些脆弱的蜜蜂，目前有近200名具有基本技术知识的妇女参与了美利波那蜜蜂的管理和生产。她们面临的挑战包括：缺乏管理技能，缺乏对害虫的控制和预防，冬季缺乏补充食物，繁殖箱不足，蜂巢脆弱，使用不适当的采蜜技术，以及储存在不合适的容器中，导致蜂蜜过度暴露在空气中，从而缩短了保质期。

为了帮助这些妇女完善无刺蜜蜂产品的产业链建设，在2018年，山地伙伴关系与慢食运动（Slow Food）合作，为160名妇女举办了养蜂和商业管理方面的可持续农业实践培训课程。该培训是在PROMIEL公司的协调下进行的，PROMIEL是玻利维亚负责发展国家养蜂业的公共企业。

通过技术援助，女性养蜂人已经能够为本地蜜蜂养殖制定健全的管理办法。此外，还有25名当地女性协调员参加了培训，培训内容重点包括环境保护和生物多样性、捕蜂、蜂巢划分、喂养和割取蜂蜜技术。这些协调员现在正在积极地传播知识，培训她们社区的生产者。

此外，通过培训，女养蜂人中实施了一项规定，对提供蜜源植物和本地蜜蜂栖息地的森林进行保护。许多妇女坚信，农业种植不应该只追求经济效益，还应该为保护当地环境和生物多样性做出贡献。

女性协调员的任命在增强其他女性生产者的权力方面发挥了关键作用。它创造了一种新的动力，使社区变得更加平等，并使妇女和年轻人积极参与到美利波那蜂蜜的价值链中。此外，美利波那文化对地区的可持续管理和保护生物多样性极为重要。这两点促使妇女要求地方政府共同制定重新造林计划。

美利波那蜂蜜越来越稀有。森林砍伐加之引进产量更高的欧洲蜜蜂，已影响了350种已知无刺蜂的分布。因此，迫切需要更多地了解不同种类的美利波那蜜蜂，以及它们喜欢的花和它们的行为。为此，对位于蒙特阿古多和瓦卡克斯曼州以及伊尼奥国家公园（Serranía del Iñao）和综合管理自然区的所有社区进行了一次普查。根据目前所分析的信息，在伊尼奥国家公园保护区内观察到的物种多样性是最高的。在其他地区，密集的人口和使用农药的集约化农业导致了原生植被的变化和植被质量的急剧下降。原始森林和次生林面积减少，土质被严重破坏，水源受到污染。所有这些干扰都导致了穿透性气味的排放，这被认为是美利波那蜜蜂消失的部分原因。

为了增加美利波那蜂蜜的价值，山地伙伴关系产品倡议为该产品贴上叙述性标签，向消费者讲述产品的来源、加工方法、感官特性（颜色、味道和气味）以及营养特性。

下一步生产商计划：

- 促进全球参与式保障体系，这有利于美利波那蜂蜜的价格稳定，突出其质量、特性和原产地，为其在国内市场获得有机认证提供便利；
- 使蜂巢生产的产品多样化，以便在当地市场消费和推广；
- 促进正在进行的蜜蜂品种研究以及气候变化适应措施的验证和传播。

在玻利维亚查科·德·丘基萨卡高地饲养美利波那蜜蜂
©慢食运动

改善摩洛哥水域生计的生物和防侵蚀措施

Malika Chkirni

　　土壤是所有生物物种生存的主要资源，但它会因为水和风的侵蚀而逐渐退化。为了解决摩洛哥米德勒特地区和奥塔特-奥拉德流域的土壤侵蚀问题，现已经实施了生物防治和机械防治措施，这类做法还可以改善位于水域下游的农田的情况。

　　在摩洛哥中部高地平原的米德勒特地区和奥塔特-奥拉德流域，植被、土地和水等自然资源正面临越来越大的压力。对本地和引进物种的过度开发，再加上在森林中过度放牧，在脆弱的土地上过度种植，已经造成了不可持续的局面。

摩洛哥的一位农民和她的山羊
©Chkirni Malika

摩洛哥的山羊和绵羊
©Chkirn

　　该地区大约有23 600人，他们几乎都依赖土地维持生计。该现象是许多环境和贫困问题的根源，也是解决这些问题的关键。划定保护区与继续使用土地或增加农业用地（例如，通过符合环境保护的形式，如农业复合的形式）之间存在冲突。鉴于以长期资源保护为基础、以脱贫为方向的农村发展对这一地区来说十分必要，采取的所有措施都必须符合当地特殊的生活条件，与当地农民的利益相符。

　　土壤是一种有限的、不可再生的资源，目前在这一高地地区土地以每年约3吨/公顷的速度流失。参与式和综合流域管理促进侵蚀控制项目[①]采用了一系列方法和途径，防止水和风对土壤的侵蚀。该项目的活动包括：

- 诊断性研究得出地貌和社会经济指标；
- 各研讨会的讨论和互动（已经组织了20个研讨会，有600名受益者，其中25%是女性）；
- 为交流信息组织了5次出行活动；
- 与合作伙伴的会议和接触；
- 制定共同管理计划。

---

① 参与式和综合流域管理促进侵蚀控制项目（摩洛哥、粮农组织和瑞士）

在摩洛哥米德尔特地区工作的养蜂人
©Chkirni Malika

　　为管理计划确定了4个具体目标和方法，即：
- 通过在流域的上游和下游重建本地植被，减少水土流失和暴雨侵蚀（洪水）的影响。这包括在峡谷和斜坡上安装机械和生物防侵蚀基础设施。
- 根据该地区的地形和社会经济条件，采用专门的林牧管理方式，并将游牧和定居的牧民组织起来。
- 通过修复灌溉引水渠和安装新的创新系统，改进农林技术和管道，以提高农业用地的价值。
- 普及相应的栽培技术，实现林木作物的多样化。

　　作为战略的一部分，已经实施了各项技术，如植树造林、沟渠机械防侵蚀矫正（石笼门）、沟渠的生物防侵蚀处理、堤岸的机械和生物开发、果树的多样化以及引进适应环境生态条件的水果品种。对农民进行了机械和生物处理相结合的培训。对水力农业网络进行了监测，从而减缓了流域排水系统的径流，进而减少了土壤剥蚀，更好地保持了表土。

　　流域下游的农田状况得到了改善，农业水力设施的使用周期也得到了延长。1 000多名农民从该项目中受益，并表现出强烈的责任感和积极性。摩洛哥政府正在继续评估和实施共同管理计划，将经验传授给社区和区域一级的其他流域，并推进植树造林活动。

秘鲁马铃薯公园中由社区主导的保护工作

秘鲁库斯科山谷的马铃薯公园（Parque de la Papa/Potato Park）是一个使用传统和农业生态方法的社区主导型保护模式公园。Amaru、Chawaytire、Cuyo Grande、Pampallaqta、Paru-Paru 和 Sacaca 等安第斯原住民共同生活、合作管理该公园，目的是在维持他们生计的同时保护生物多样性、景观和文化。

马铃薯公园建立在阿伊鲁（ayllu）系统之上。这是一种传统的安第斯社区组织模式，通过促进人类、驯养物种以及野生物种之间的和谐来增进美好生活（或福祉）。虽然阿伊鲁系统经常被作为政治和社会经济结构来进行研究，但它也是一个生态框架，在这个框架中，人们为促进不同社区之间的互惠创造了一个积极和全面的景观管理系统。

安第斯山脉各族人民合作管理秘鲁的马铃薯公园
©Nisreen Abo-Sido

99

马铃薯公园是建立在传统的安第斯社区组织模式之上的，即阿伊鲁（ayllu）系统之上
©Nisreen Abo-Sido

　　在公园居民采用的众多生态农业技术中，有两项技术可以说明秘鲁安第斯山区的阿伊鲁系统与土地管理之间的相互作用是如何产生的，这两项技术就是种子保存法和沿山地梯度耕作法。

　　在土著群体中技术人员的带领下，公园里的人们就地保护种子，包括对野生作物品种的保护。当地技术人员教授的技术有很多好处。首先，除了在非原地种子库中保存种子外，将种子保存在原地有利于它们在不断变化的环境中，受到非生物和生物元素之间动态关系的影响，从而实现阿伊鲁系统中社区的互惠。就地保存种子还可以继续与本地物种和野生亲缘物种之间进行自然基因交换。这种生态农业方法促进了生物多样性，同时提高了物种的适应能力和生态系统的复原力。

　　沿海拔梯度形成的微气候是山地环境的特征，可表现为沿斜坡生态位的剧烈变化。气候变化可能改变这些生态位，扰乱物种繁衍的范围，从而减少生物多样性，威胁粮食体系和生计。园区内的社区在阿伊鲁系统内进行合作，就马铃薯品种回归的景观管理做出决定。他们一同分享有关这些微气候的传统知识及其在提高生产力、支持粮食体系和改善生计方面的潜力。例如，社区将根据微气候在最适合的条件下种植作物，然后在高海拔、中海拔和低海拔之间进行产品交易。此外，人们还努力在高海拔地区种植更多适应寒冷的马铃薯品种，以便在气候变化的影响下保护这些品种。本土知识和社区合作是这些地区农业生态管理不可或缺的组成部分，因为社区成员要以保护生物多样性和支持生计的方式决定种植什么和在哪里种植。

为了促进所有阿伊鲁系统间的和谐，在系统中纳入了粮农组织的10个农业生态学要素，因为该系统扩大了生态农业的定义，囊括了精神和宗教信仰在影响人类与自然互动方面的重要性。马铃薯公园的技术人员强调，他们觉得有必要保存和保护马铃薯的生物多样性，这不仅是为了他们的社区，也不仅是为了秘鲁，而是为了整个世界。为此他们经常在国内和国际上参与并组织与农民和土著社区以及学生和科学家的知识交流。举例而言，公园的技术人员为来自秘鲁喀喀湖的一群土著举办了关于以阿伊鲁系统、保护本地物种、保存种子、管理合作社和其他内容为主题的研讨会，这些土著对建立类似马铃薯公园这样的地方很感兴趣，因为它既可以改善当地生计，同时也是保护生物多样性和促进知识交流的地方。

在另一个例子中，园区技术人员介绍了他们参与的一项关于气候变化对马铃薯生长的影响以及该地区马铃薯适应性潜力的长期研究。他们正在与国际马铃薯中心（CIP）的研究人员合作进行这项研究，并介绍了社区提供的传统知识和景观与国际马铃薯中心提供的技术知识和资源相结合所产生的协同效应。这种形式的知识交流可以促进恢复力，弥合了在理解和处理粮食体系和环境保护问题方面的差距，最终实现更大的可持续发展和粮食主权。只有赋予社区自主领导权，这种系统才能有效运作。承认传统、本土知识和文化知识的价值，是提升边缘化社区地位的核心，是促进以社区为主导、以权利为基础的粮食安全保障的核心。

在葡萄牙的巴罗佐农林牧
系统中农业传统得以延续

António M. Machado

　　2018年，巴罗佐农林牧系统是首批被列为全球重要农业文化遗产的欧洲遗产地之一。它位于葡萄牙北部的上塔梅加地区，这里的自然景观包括佩内达-热罗斯国家公园，至今仍保留着山区典型的以农村自给自足经济为基础的农业模式。

　　巴罗佐农林牧系统深受土壤和气候条件的影响，以小农场和牧牛、牧羊以及养猪为主，养猪业对家庭经济做出了重大贡献，并发挥着重要的社会作用。

巴罗佐农林牧系统中放牧的奶牛
©Municipality of Montalegre

巴罗佐农林牧系统是首批被列入全球重要农业文化遗产系统的欧洲遗产地之一
©蒙塔莱格雷市政府

    在这个系统中，古老的牧场（沼泽地和公地）、农耕区（黑麦田、马铃薯田和菜园）、灌木丛和森林交织在一起，动物（主要是牛）被用作系统各个组成部分之间的运输工具。

    这是农村自给经济，几乎没有农业投入或剩余农产品。较小的农场（面积不到1公顷）通常会进行集中管理。由于每个村庄强烈的社区意识，与世隔绝使他们保持了古老的生活方式，从而展现出居民自给自足和团结一致的文化特征。

    地理位置、地形、土壤、气候和人类的相互作用影响了该地区重要的植物和动物群落及濒危物种和种群的发展。

    从文化的角度来看，巴罗佐地区的14 255名居民发展并保持着各种形式的社会组织、习俗和仪式，这使他们在习惯、语言和价值观方面与该国大多数人口不同。这些在很大程度上是由于当地的条件和地理位置以及有限的自然资源造成的，因此当地人开发出符合可持续发展的自然资源利用方法。

    该地区面临的外部威胁主要来自葡萄牙当前的经济形势，由于税收负担加重，就业率低迷等现实情况，当地投资受到极大抑制。官方组织对提供资金设定的要求与当地企业的规模和能力不相符，这些企业主要是家庭农场主或食品加工商。

为了保障巴罗佐农林牧系统在未来几十年的动态可持续发展，必须鼓励认证和差异化制度，向消费者展示产品的质量和多样性。这有助于增强消费者的信心，同时传递与该地区特有的文化价值观相关的信息，还要确保尊重消费者自身的价值观和要求，如环境保护和动物福利。

在各种项目和基金的支持下，当地计划开展一系列活动，目的是宣传和推广巴罗佐，帮助人们了解巴罗佐的传统和文化。这些活动包括建立信息服务中心、开展农业旅游以及努力缩短当地生产者与消费者之间的食品供应链。

该地区面临的挑战之一是人口老龄化和教育水平低，这可能导致宝贵的传统知识流失。因此，该地区计划加大力度吸引年轻人加入农业部门，不仅作为生产者，而且作为具有更大创新和创业潜力的人员。他们的创新和创业潜力可以确保这片古老的山地景观能够可持续发展。

塞拉利昂土地可持续
利用的生态农业模式

Abdul Rahman Sannoh

　　一个基于农业生态学原则的试点项目正在帮助塞拉利昂北部法拉巴山区恢复严重退化的土地。项目为更可持续的未来奠定了基础，不仅引进了农牧混合牧场和有机蔬菜种植，在林地草原高原战略区重新造林，还提升了当地居民收入。

　　原有的刀耕火种式耕作模式、露天放牧和濒危热带硬木品种出口已造成土地迅速退化，这正在严重破坏塞拉利昂高地地区的景观和社区生计。由此产生的森林滥砍滥伐、降水量波动和土壤肥力下降，与农业生产力的持续下降以及饥饿和营养不良情况相继出现。法拉巴区位于塞拉利昂东北部内陆高原，遍布丘陵和山脉，是塞拉利昂最贫穷的地区之一，家庭平均年收入不到500美元。

　　2018年，Tinkifirah后裔协会从全球环境基金小额赠款计划中获得了30 000美元，用于为4个社区的4个自助团体实施为期12个月的试点项目。有150多

塞拉利昂法拉巴的生态农业
©全球环境基金小额赠款计划/Abdul R. Sannoh

塞拉利昂，农民展示他们收获的洋葱
©GEF-SGP/Abdul R. Sannoh

名农民从中受益，其中60%是女性。这些被选择的人大部分都是弱势群体，他们很难拥有足够的收入、良好的住房和充足的食物。

该项目对小规模生产者（主要是来自库兰科族自给自足的农民）进行了林业和可持续有机农业技术方面的培训，包括建立苗圃、堆肥和传统的病虫害防治。每个小组都得到了基本的蔬菜农具，包括锄头、砍刀、耙子和浇水壶，以及西瓜、辣椒、洋葱和番茄的种子。每个社区都有用于种植蔬菜的土地，出售这些土地为许多以前从事木材贸易的妇女和年轻人提供了创收的机会。

为了解决露天放牧造成的破坏问题，在该项目下建立了一个160公顷的牧场，并用带刺铁丝网和8 000多根原木作为栅栏，这些原木最终将长成更高大的树木。两名牧场管理员接受了畜牧业和牧场技术改良培训，包括接种疫苗、秸秆喂养、饲料草和饲料作物种植。农民们用自己种菜的积蓄买了22头牛，把它们养在社区牧场里。落叶、农作物残渣和牲畜粪便被制成有机肥料，来提高农业生产力。在226公顷的战略退化区重新植树造林，现已种植了18 000棵本地树木。

该项目通过引入可持续蔬菜生产、牲畜饲养和植树，展示了生态农业耕作的核心原则，帮助实现了农业收入的多样化，促进了粮食生产和营养摄入，从而增强了农民抵御贫困和饥饿的能力以及应对气候变化的能力。

该项目的直接成果包括使约3万公顷社区土地免受过度放牧，令自然植被得以再生。约760名家庭成员受益于蔬菜生产和养牛带来的可持续收入。总体而言，该项目为改善山区5 000多人的粮食安全和营养做出了贡献。

当然，项目也存在一定挑战，其中最为突出的是平衡好个体收益与社区土地可持续利用管理目标的关系以及持续维系蔬菜农场供应。

该项目的下一步活动将涉及加强放牧区的围栏，将重新造林工作扩大到集水区，将蔬菜种植扩大到其他社区。项目的长期目标是将倡议转变为商业上可行的营利性社会企业。作为贫困山区农村的一种可持续的创收方式，这种模式已经引起了人们的兴趣。

保护坦桑尼亚联合共和国
乞力马扎罗山坡上的古老农林系统

Firmat Martin Banzi

历史悠久的坦桑尼亚 Kihamba（查加人的家庭菜园）农林复合系统已被公认为本国山地最具适应性的农田的范例之一。通过在当地采取有针对性的措施，再加上有效的政策支持，该系统得到了有力的保护，有助于确保粮食安全和生计的维持，以及可持续的环境管理和活态农业遗产的延续。

位于坦桑尼亚莫希农村地区乞力马扎罗山脚下的 Uru-Simbwejuu 村已被联合国粮农组织全球重要农业文化遗产秘书处选为全球重要农业文化遗产遗址。之所以选择这个村庄，是因为它依赖于 Kihamba，也就是查加菜园-农林系统，该系统最早是在 12 世纪发展起来的。

查加家庭菜园系统的特点是采用独特的多层植被土地利用方法。通常，菜园由四个植被层组成，最上面一层是稀疏的树木，这些树木提供遮阴、药物、饲料、水果、薪柴，某些树种还提供木材。在这一层之下，种植着超过15 个品种的香蕉。下面是咖啡灌木，在这些灌木下种植着山药、芋头和蔬菜等遮阴作物，包括百香果和牡蛎等攀缘植物，这种多层系统最大限度地利用了有限的土地。

这些农业系统主要分布在南坡和东坡。乞力马扎罗山的 Kihamba 农林复合系统约占地 12 万公顷。它是查加部落身份和文化的核心。人们在他们的Kihamba 上出生、长大、结婚、下葬。

得益于德国技术合作组织及其合作伙伴在肯尼亚和坦桑尼亚的长期努力，Kihamba 最终被认定为符合全球重要农业文化遗产系统标准和目标的农业文化遗产系统。通过观察和向当地村庄问询后，我们梳理了该村庄还存在的挑战：

- 由于咖啡和相关作物产量低，Kihamba 产量低；
- 市场准入不可靠，咖啡价格随之下降，导致收入减少；
- 用于防治咖啡病虫害的农药成本高；
- 旱季灌溉用水不足。过去二三十年来，气候变化导致降雨量低且不稳定；
- 人口增长致使 Kihamba 碎片化（人均土地不足 0.2 公顷）。

由于这些困难，一些农民放弃了传统的耕作制度，改种一年生作物。为了保障该地区可持续文化的管理，全球重要农业文化遗产系统项目于2010年启动。该项目旨在帮助社区保护其自然资源基础，以及土地和作物管理实践和知识体系，同时令该系统能够适应现代挑战。其中一个关键部分是改善社区的粮食安全和福祉，并将Kihamba农林复合系统的巨大效益转化为可持续的生计生产形式，与当地景观及其丰富的文化遗产相适应。

除了现场活动外，该项目还采取了一系列政策措施，目的是确保该地区及其所代表的遗产和资源得到认可和保护，并在更广泛的范围内提高决策者和其他利益相关者对坦桑尼亚遗产农业系统价值的认识。

该项目要求与社区一起制定参与式行动计划。主要活动是改进Kihamba咖啡和其他作物的管理，包括高效灌溉系统，以及通过社区协议为该地区制定长期管理计划。不仅引进了香草和豆瓣菜等经济作物，还采用了适当的营销策略用于销售。当然，其中最重要的是恢复与Kihamba有关的传统价值和知识系

对于居住在乞力马扎罗山山坡上的恰加社区来说，
拥有Kihamba（查加人的家庭菜园）是年轻人生活中必不可少的传统
©粮农组织/Felipe Rodriguez

统，并将其代代相传。

在改进的咖啡管理的基础上，该社区决定实行有机种植，这种种植成本相对较低，而且市场有保证。为此，该项目将农民与乞力马扎罗原住民合作社联盟联系起来，整个村庄社区都接受了病虫害综合治理和有机生产道德方面的培训。成员们同意逐步更换老咖啡树，该项目还帮助建立了一个咖啡苗圃，让农民能够恢复废弃的农场，重新种植新的咖啡树并提高生产力。

2017年，社区成员获得了有机农户认证，并与有机咖啡市场建立了联系。为促进当地咖啡销售，村里还专门设立了一个咖啡销售点，在这里对产品进行检查、定级、装袋和储存。

着眼于未来，我们之所以选择Kihamba作为典型示范就是希望能为大家提供了解该系统的学习场所，从而确保此项倡议得以持续推动。尽管我们在发展Kihamba农林系统还面临着许多挑战，但被认定为全球重要农业文化遗产系统也从另一个维度证明了这样的土地利用形式是非常值得保护的。

有机蔬菜生产促成了泰国山地部落的可持续生计

Pedcharada Yusuk、Siriporn Thipan 和 Unpracha Thongchot

泰国北部山区的十多个少数民族山地部落正在通过以发展为导向的研究计划，将自给自足的农业转变为有机农业。有机农业不仅提高了该地区的家庭粮食安全水平和充分就业程度，还改善了上游流域生活水平，并为山地生态系统和下游社区带来了长期利益。

在泰国的6个山地省份中，有十多个土著山地部落，大多数农民依靠传统旱稻轮作的自给经济为生。一项始于1968年并延续至今的项目，旨在通过研发提高349种替代粮食作物和牲畜的生产力，实现山地生计的综合发展。该项目提倡环保农业，包括推行良好农业规范、生物提取物应用和有机标准，同时注重保护供应下游人口的上游水资源产地。2018年，农民生产了1 847吨有机蔬菜，价值约190万美元，这些有机农产品主要销往泰国国内市场。

2003—2018年，参与该计划的农民数量增长了10倍以上。由于该计划，有机蔬菜的产量也有所增长：2003年，有50公顷的农场进行有机生产，产量为120吨；2018年增加到320公顷，产量为1 800吨。

该计划涉及改善上游山地的土壤健康，包括通过分析土壤特性、建造梯田和向农田添加绿肥。泰国山区拥有丰富的生物多样性及可用于有机堆肥和

产品规格焦点小组
©Pedcharada Yusuk，高地研究与发展研究所（HRDI），泰国

农民收获有机白菜
©Pedcharada Yusuk，高地研究与发展研究所，泰国

生物农药的本地植物物种，并且已经从微生物中开发出20多种创新生物制剂，用于高原地区的病虫害防治。

2003—2004年，农民、研究人员和推广人员实地参与了研究和培训，去更多地了解泰国的有机标准。因此，越来越多的山地部落土著农民的蔬菜获得了有机认证。

泰国山区的有机蔬菜生产由农民、研究人员、基层官员和企业参与。许多农民已经组织成集体，管理包括有机堆肥和生物提取物在内的农业投入，并根据市场需求规划生产。同时，一个内部研究小组正在不断开发适用于山地生态系统的高效有机耕作技术。基层官员在转型过程中密切支持农民，营销团队则在挖掘商机。

有机蔬菜提高了山地部落农民及其家庭的收入和粮食安全。据研究发现，因有机蔬菜和短生长作物的售价更高，且产量高于传统作物，故选择从传统生产过渡到有机生产的农民中，约有52.3%的农民收入得到了增加。同时大多数农民发现，因不需要购买化学品且互相协作，有机农业的生产成本低于传统农业的成本。93%的农民通过从事有机农业能够偿还债务和改善生活。另外一个重要的优点是，有机生产支持了上游生态系统并为全国其他地区供水。从长远来看，这些食用安全的有机产品为泰国消费者提供了更多选择，而无需再进口质量较低的产品。

气候变化有可能破坏泰国山区的有机蔬菜生产，温度上升和干旱可能会造成品质波动。为了应对这一挑战，研究人员正与农民合作，开发和测试改良的有机种子和替代品种。这将确保有机蔬菜生产在未来仍是山地部落社区的一个可行的选择。

智慧山谷瑞士波斯基亚沃山谷
©Valposchiavo Turismo

7

山地农业的机会

丰富的农业生物多样性和山地特产

山地耕作系统拥有大量的农业遗传多样性，包含各种适应当地的作物和牲畜，并有机会生产当地的营养丰富的多样化食物。在山区发现的广泛多样性可能包括作物野生近缘种和被忽视的植物及牲畜物种和品种。

山地产品满足了当今消费者的许多需求，这些消费者通常在寻找健康、有机和真实的产品，并讲述它们背后社区的故事。山地合作组织秘书处2015年在9个国家进行的一项调查证实，山地产品被认为是健康和高价值的利基产品。由于高海拔地区资源有限，与低地环境相比，山地地区地块和农村社区规模较小，香料、茶叶、谷物和奶酪等山地产品往往是小规模生产。这些产品的高价值弥补了它们的小规模，而且越来越多的消费者愿意为它们支付溢价。

因此，确保能为新市场和游客源源不断地提供优质山区特产，是山地生产者能力建设的重要体现。

传统物种和品种

通过几代人的积累，山区的土著居民和家庭农场农户往往对当地错综复杂的生态系统有广泛的了解。当地农户知道，生物多样性对他们自身的恢复力、提供生态服务和保护他们所依赖的资源基础和食物至关重要。在许多情况下，掌握传统知识的是妇女，她们在可持续利用和保护生物多样性方面发挥着关键作用。传统品种是营养食物的来源，通常具有抗病能力，并能适应当地气候条件，是数量惊人的遗传多样性的宝库。它们还可能具有对进一步适应气候变化有价值的特性，例如具有高度耐寒性的本地马铃薯品种。推广传统品种有可能改善当地社区的生计，使他们能够在城市市场销售高质量产品，增加收入来源。

山地独特的农业气候条件为各种水果、坚果、蔬菜、牲畜和副产品以及其他高价值产品提供了比较优势，根据粮农组织（2018a；2019b）的说法，其中很多产品符合未来智慧食物（FSF）的要求。这些产品通常来自受忽视和未充分利用的物种（NUS），它们营养丰富（增强营养），具有气候适应性（例如，需要低投入，促进气候变化的适应性，通过减少径流和水土流失而对环境友好，经济上可行，创造收入并减少女性劳作），并且可以在当地获得或可适应当地环境（粮农组织，2018b；2019b）。例如，在亚洲，各国已指定在山区种植的作物作为未来智慧食物，如豆类、豇豆、芋头、小米、藜麦、荞麦和辣木。这些是农业多样化的关键，在缩小和消除生产和营养差距方面发挥着重要作用。

标签

使用标签来传达产品信息是必不可少的。标签应该向消费者提供尽可能多的关于生产和加工阶段的每个方面和步骤的信息，因为信息公开可以建立信任。消费者想知道产品是如何制造的，这可以树立消费者对产品和品牌的信心。尽管消费者越来越多地接触到有机和天然产品，但山地产品因其独有的特点和作为清洁、纯净、健康产品的价值而特别具有吸引力。应将这种观念作为一种优势。山地产品的营销不应该只关注商品本身，而应该讲述生产者背后的故事。

应通过营销战略强调口味、清洁度、传统技术、真实性、文化传统和特殊性等标准。与工业化生产的产品相比，这类小众产品的价格通常较高，因此需要让目标购买者认识到它的附加值（健康食品、独特口味等）。山地产品营销的关键是不仅要关注商品本身，还有它背后的故事，以证明溢价的合理性。

通过质量标签、说明标签、原产地名称和地理标志保护等差异化机制，推广山地食品和地区服务，可为农民和地区提供更好的识别工具。因此，分享经验很重要，探讨制定一个具有共同标准和指标的共同参考框架是必要和可行的，例如起源、多样性和土地论坛。

附加价值

考虑到可及性、规模和市场等主要挑战，应该为每种单一的山地产品及每个国家和地区量身定做更具体的价值链。只有这种可持续管理的价值链才具有长期和自我维持的潜力，并能显示出山地产品相对于低地和工业生产所具有的比较优势。

附加价值不仅仅是加工或包装的问题，它还涉及突出生态、营养、文化和经济价值。通过采用和加工传统品种，可以创造价值。在农场采用生态农业的做法可以通过更好的水和土壤保护措施来提高生态价值、健康价值和社会价值，以及改善和增加生物多样性，使野生动物回归，并通过更清洁和更安全的工作条件为生产者提供健康的生态和生活环境。因此，除实现溢价外，强调生态系统和生物多样性对受益者的全部经济价值，有助于鼓励受益者为保护和加强生态系统而投资。为生态系统服务付费可促进可持续发展和生态系统服务的保护，为农村地区创造收入，并改善粮食安全（粮农组织，2012）。

山地伙伴关系产品计划

山地伙伴关系产品（MPP）倡议是一项基于无害环境和道德的价值链的认证和标签计划，旨在促进短的国内价值链，同时确保生产者和消费者之间的透明度和信任，初级生产者得到公平补偿，保护农业生物多样性和古老技术。

山地伙伴关系产品叙事标签由山地伙伴关系秘书处慢食运动于2016年开发，讲述了产品的故事：它的起源和栽培方式，它的加工和保存方法，它的营养价值，以及它在当地文化中的作用。该标签旨在通过分享每件产品背后的故事，在生产者和消费者之间建立情感联系。当山地产品在市场上展示时，消费者往往无法轻易地将它与其他产品区分开来。山地伙伴关系产品标签目的是传达山地产品的价值，让消费者能够更明智地购买，生产者也能以更高的价格出售。

目前，该倡议已在8个国家推行，包括20种产品。在山地伙伴关系产品标签下销售的商品包括玻利维亚安第斯山脉的无刺蜜蜂蜂蜜和印度喜马拉雅山农民种植的粉色和紫色大米，以及茶叶、咖啡、豆类和纺织品。迄今为止，当地生产者协会、草根基金会和生态社会公司（其中60%的成员是妇女）中约有1万名山地小农户得到了山地伙伴关系产品计划的支持。采用山地伙伴关系产品标签增加了所有产品的市场需求量，使生产者的产量增加40%，销售额增加49%，销售价格增加25%。

山地农业在生产安全和有机产品方面具有比较优势，山地伙伴关系产品倡议支持其合作伙伴为这些产品建立质量保证体系。山地参与式保障体系证明了山地伙伴关系产品是符合伦理、公平和有机的，并创建了有史以来第一个国际山地特定参与式保障体系网络。2019年11月在拉丁美洲举行了第一个区域培训倡议，未来还计划举办更多的培训课程帮助所有致力于《拉尼赫特宣言》的山地农业合作伙伴参与其中。

产品的多样化对增值活动非常重要。山地产品应尽可能在现场加工后再离开农场或生产者组织，以确保生产者得到公平的份额，不受中间商的剥削。制作详细的标签或组成一篮子产品也可以增加产品的价值。这一系列措施考虑到了山区生计和环境之间的密切联系，并呼吁建立一个综合的生产系统，从整体角度出发，而不是专注于单个部门。通过推销山区人民生产的一系列高价值产品和服务，整个生产系统可以得到加强，同时也可以减少自然资源或粮食安全退化的风险。一篮子山地产品的生产和商业化运营可以帮助形成当地经济的

多样化。由于畜牧业在许多山区农民的生活中发挥着关键作用，以畜牧业为基础的生产系统的产品多样化可能包括乳制品，如酸奶和奶酪，以及有价值的副产品，如羊毛（粮农组织，2019b），所有这些都可以增加农民收入。增值活动还可能包括引进简单的技术，如水果和蔬菜的太阳能干燥，这有助于延长新鲜产品的储存期。

可持续旅游：农业旅游、生态旅游和社区旅游

山地旅游是增长最快的行业之一，目前占全球旅游产业的15%～20%（联合国环境规划署，2007；UNWTO，2018）。旅游业已成为山区重要的经济资源，为山区带来了新的就业和收入，并为传统经济体系提供了支撑。如果没有旅游业，传统经济体将难以为继。山区相比其他地区的比较优势在于它们通常有不同的景观和风景（Debarbieu等，2014）。根据联合国环境规划署（UNEP）和世界旅游组织（UNWTO，2005），"确保旅游业更具可持续性不只是管控其可能产生的负面影响。因旅游业在经济和社会上的特殊地位，它可造福当地社区，提高人们对环境保护的认识和支持"。许多发展中国家认识到其自然资源在发展旅游业方面的潜力，维持梯田等传统农业系统，以提高收入和吸引生态旅游。然而，这种山地旅游的可持续性取决于保持脆弱的山地环境和景观的完整性，同时要记住，这些环境可能会受到全球变暖和流行病等生态变化的严重影响（Yanes等，2019；UNWTO，2018）。

只有当地社区和其他利益相关者愿意并能够在保护自然和文化资源且获得经济利益时，山地旅游才能可持续发展。社区参与、赋权、透明度、公平、公正和"不伤害"原则等概念催生了不同类型的旅游，例如农业旅游、生态旅游和社区旅游。不丹通过限制供应增加了生态旅游收入：有游客配额，每位游

客都必须与该国的一家认证旅行社签约。这些机构相互协调以确保设施不会过度拥挤，并且每个人都能分享收入（Kohler 等，2015）。

以目的为导向的生态旅游和以社区为基础的旅游可以为人类和自然带来益处，不像以资产为导向的模式（Foggin，2020）。生态旅游还可以加强社区保护工作，从而帮助实现国家目标、应尽义务和发展愿景。

山区发展的食品和旅游

近年来，在世界范围内，旅游业对传统和高质量食品以及生产这些产品的当地农业系统表现出越来越大的兴趣。强大而充满活力的粮食体系，加上特色鲜明的美食产品，通过国内和国际旅游业为当地社区增加收入做出了贡献。丰富的美食可以吸引国际游客前来，即使访问一个国家的主要理由不是美食，而国内旅游业也可以刺激财富从城市向农村城镇转移，从较富裕的地区向较脆弱的地区转移。

在脆弱生态系统联盟、慢食组织和菲律宾旅游部的合作下，山地伙伴关系产品倡议在2018年启动了食品和旅游促进山地发展项目，旨在促进可持续食品系统成为可持续旅游业的驱动力。该项目为菲律宾科迪勒拉地区的山地食品和旅游服务之间创造更强的协同作用。这包括推广优质、本土的山地食品，帮助脆弱的山地地区满足对可持续、公平贸易、优质食品不断增长的需求。科迪勒拉斯山脉是菲律宾最多山的地区。它也是最贫穷和最边缘化的地区之一，贫困率超过40%，是全国平均水平的两倍。该项目将小规模生产者与旅游服务提供商联系起来，帮助推广优质山地产品，让游客发现和支持独特的生物多样性，同时保护本土食品并促进当地经济。

瑞士瓦尔波夏沃智能山谷
©Valposchiavo Turismo

结　论 | CONCLUSION

山地农业对山地社区和下游居民的生计起着至关重要的作用。此处介绍的案例研究彰显了山地农业系统的丰富多样性，以及它们为可持续山地发展提供的解决方案及其与实现2030年可持续发展议程的相关性。

山地农业系统已经发展了几个世纪，已被证明具有复原力和多样性。在环境退化和不可持续的资源利用威胁山地农业系统可持续性的情况下，它们可以从向生态农业的过渡中获益。

本书展示的经验表明，生态农业的10个要素与山地耕作系统高度相关。这些包括：

多样性，可以改善山地土壤健康和生产力，还有助于促进营养和人类健康以及市场多样化，最终建立抵御力。

共同创造和共享知识过程，融合了山地传统知识和土著知识，以及生产者和贸易商的实践知识和全球科学知识。

协同作用，有助于加强整个粮食体系关键功能，在山地环境中尤为重要，山地生态系统脆弱，农业与自然之间的和谐至关重要。创新的高生物多样性种植系统（包括动物整合和高价值作物）等做法也加强了其他因素，例如**效率、循环和复原力**。

人类和社会价值以及文化和饮食传统有助于促进文化保护和山地旅游可持续发展，并培养山区的强烈归属感和传统。

负责任的治理及**循环和共享经济**可以解决普遍缺乏针对山区的具体行动和项目、缺乏基础设施和市场准入以及缺乏有组织的支持计划的问题，有助于创造一个有利的环境，促进可持续粮食体系建设。

本书展示了基于可持续发展目标和长期可持续发展而制定的复原项目，特别是在边缘环境中。山地农业有潜力推动山地可持续发展，增强山地地区和生态系统的抵御能力，为实现可持续发展目标作出贡献。

家庭农业十年（2019—2028年）对山地地区给予了特别的关注。它旨在促进综合经济、环境和社会政策的设计和实施，以营造有利环境，加强家庭农业的地位。通过在组织内（地方、国家和国际）多方的共同努力，在有关政策制定的过程中，山区农民能够体现出更强的存在感。政府和私营部门机构可以提供激励措施并创造有利环境。

在许多国家，国家家庭农业秘书处正在领导家庭农业十年战略的制定和实施。这是一个千载难逢的机会，山区农民及其组织都积极参与国家家庭农业秘书处工作，以期推动山地纳入这些战略当中。如有必要，国际组织和非政府组织还可发挥积极作用以促进山地农民及其组织的能力建设，如确保山区农民在家庭农业十年国际指导委员会（例如世界农民组织、世界农村论坛和农民之路运动）中拥有足够代表。毫无疑问，这将是山地发展的宝贵机遇。

作为联合国唯一致力于改善山区人民生活和保护世界山地环境的自愿伙伴联盟，山地伙伴关系在支持全世界山区农民方面发挥着根本作用，并全力致力于推广生态农业方法。

通过实施相应的支持山地的政策、投资、能力建设、服务和基础设施，以及在为小农和家庭农民提供创新机会方面做出的努力，山地耕作系统有可能成为变革的重要途径。基于此，山地耕作系统可以为向可持续粮食体系转型提供宝贵的支持和动力，有助于青年振兴农村地区，帮助山区人民摆脱贫困和饥饿，同时在未来保护脆弱的山区环境。

参考文献 | REFERENCES

简介

FAO. 2019a. *The 10 Elements of Agroecology. Guiding the transition to sustainable food and agricultural systems.* [online]. [Cited 16 July 2020]. www.fao.org/3/i9037en/i9037en.pdf.

Food Security Information Network (FSIN). 2020. *Global Report on Food Crises* [online]. [Cited 16 July 2020]. https://www.fsinplatform.org/global-report-food-crises-2020.

High Level Panel of Experts on Food Security and Nutrition (HLPE). 2019. *Agroecological and other innovative approaches for sustainable agriculture and food systems that enhance food security and nutrition.* A report by the High Level Panel of Experts on Food Security and Nutrition of the Committee on World Food Security, Rome. (also available at http://www.fao.org/3/ca5602en/ca5602en.pdf).

International Centre for Integrated Mountain Development (ICIMOD). 2020. *COVID-19 impact and policy responses in the Hindu Kush Himalaya.* (also available at https://www.preventionweb.net/publications/view/72631).

1　山地农业系统对可持续发展的重要性

Alfthan, B., Gjerdi, H.L., Puikkonen, L., Andresen, M., Semernya, L., Schoolmeester, T. & Jurek, M. 2018. Mountain Adaptation Outlook Series – Synthesis Report. Nairobi, Vienna and Arendal, UN Environment & GRID-Arendal. 50 pp. (also available at www.grida.no/publications/426).

Alpine Convention. 2017. *Mountain Agriculture. Alpine Signals No. 8.* www.alpconv.org/fileadmin/user_upload/ fotos /Banner/Organisation/thematic_working_bodies/Par t_02/mountain_agriculture_platform/EN/mountain_agriculture_A4_EN.pdf.

Bachmann, F., Maharjan, A., Thieme, S., Fleiner, R. & Wymann von Dach, S., eds. 2019. *Migration and sustainable mountain development: Turning challenges into opportunities.* Bern, Switzerland, Centre for Development and Environment (CDE), University of Bern, with Bern Open Publishing (BOP). 72 pp.

Biemans, H., Siderius, C., Lutz, A. F., Nepal, S., Ahmad, B., Hassan, T., von Bloh, W., Wijngaard, R.R., Wester, P., Shrestha, A.B. & Immerzeel, W.W. 2019. Importance of snow and glacier meltwater for agriculture on the Indo-Gangetic Plain. *Nature Sustainability*, 2(7): 594–601. (also available at www.nature.com/articles/s41893-019-0305-3).

Chape, S., Spalding, M.D. & Jenkins, M.D. 2008. *The World's Protected Areas* (UNEP-

World Conservation Monitoring Centre). (also available at https://www.researchgate.net / publication/270588811_The_World's_Protected_Areas_Status_Values_and_Prospects_in_ the_21st_Century).

El Solh, M. 2019. *The status, opportunities and challenges of mountain agriculture development to improve livelihoods and ensure food security and Zero Hunger. In FAO. 2019. Mountain agriculture: Opportunities for harnessing Zero Hunger in Asia.* FAO/RAP, Bangkok. pp. 25–43. (also available at http://www.fao.org/3/ca5561en/CA5561EN.pdf).

FAO. 2019b. *Mountain agriculture: Opportunities for harnessing Zero Hunger in Asia.* Bangkok. 322 pp. (also available at www.fao.org/3/ca5561en/CA5561EN.pdf).

Fleury, J.M. 1999. *Mountain biodiversity at risk.* IDRC Briefing, 2: 1–6.

Immerzeel, W.W., Lutz, A.F., Andrade, M. *et al.* 2020. Importance and vulnerability of the world's water towers. *Nature*, 577: 364–369. https://doi.org/10.1038/s41586-019-1822-y.

Intergovernmental Panel on Climate Change (IPCC). 2019. *The Special Report on the ocean and cryosphere in a changing climate.*

Köner, C. & Paulsen, J. 2004. A world-wide study of high altitude treeline temperatures. *Journal of Biogeography*, 31: 713–732. https://doi.org/10.1111/j.1365-2699.2003.01043.x.

Rahbek, C., Borregaard, M.K., Colwell, R.K., Dalsgaard, B., Holt, B.G., Morueta-Holme, N. *et al.* 2019. Humboldt's enigma: What causes global patterns of mountain biodiversity? *Science*, 365(6458): 1108–1113.

Romeo, R., Grita, F., Parisi, F. & Russo, L. 2020. *Vulnerability of mountain peoples to food insecurity: updated data and analysis of drivers.* Rome, FAO and UNCCD. https://doi. org/10.4060/cb2409en.

Sheehy, D.P., Miller, D. & Johnson, D.A. 2006. Transformation of traditional pastoral livestock systems on the Tibetan steppe. *Sécheresse*, 17(1–2): 142–151.

UNEP-WCMC. 2002. *Mountain watch: Environmental change & sustainable development in mountains.* (also available at www.academia.edu/30100893/Mountain_Watch_environmental_ change_and_sustainable_development_in_mountains?auto=download).

Wester, P., Mishra, A., Mukherji, A. & Shrestha, A., eds. 2019. *The Hindu Kush Himalaya Assessment: Mountains, climate change, sustainability and people.* Springer.

Wymann von Dach, S., Romeo, R., Vita, A., Wurzinger, M. & Kohler, T., eds. 2013. *Mountain farming Is family farming: A contribution from mountain areas to the International Year of Family Farming 2014.* Rome, Italy: FAO, CDE, BOKU, pp. 100 (available at http://www.fao. org/3/i3480e/i3480e.pdf).

3 保护农业生物多样性及增强生态系统恢复力

生态农业作为保护农业生物多样性及增强生态系统恢复力的工具

Barrios, E., Gemmill-Herren, B., Bicksler, A., Siliprandi, E., Brathwaite, R., Moller, S., Batello, C. & Tittonell, P. 2020. The 10 Elements of Agroecology: Enabling transitions towards sustainable agriculture and food systems through visual narratives. *Ecosystems and People*, 16(1): 230–247, DOI: 10.1080/26395916.2020.1808705.

High Level Panel of Experts on Food Security and Nutrition (HLPE). 2019. *Agroecological and other innovative approaches for sustainable agriculture and food systems that enhance food security and nutrition.* A report by the High Level Panel of Experts on Food Security and Nutrition of the Committee on World Food Security, Rome. also available at http://www.fao.org/3/ca5602en/ca5602en.pdf.

意大利抵御拉蒙菜豆病毒维持产量并保护农业生物多样性

Fagiolo di Lamon. 2007 [online] Lamon. [Cited 16 July 2020] www.fagiolodilamon.it.

尼泊尔气候适应型农业

Asia NGO. 2020 [online]. Rome. [Cited 16 July 2020]. https://www.asia-ngo.org/en/what-we-do/projects/.

Department of Agriculture Nepal. 2016 [online]. Preliminary estimates of 2015/16 summer crop area, production and yield. [Cited 16 July 2020] www.doanepal.gov.np.

Ministry of Industry, Commerce and Supplies – Trade and Export Promotion Centre. Nepal. 2020. [online]. Data on national trade [Cited 16 July 2020] www.tepc.gov.np.

Nepal Food Security Monitoring System. NeKSAP. 2019. Information on crop performance and the food security situation [online]. [Cited 16 July 2020]. http://neksap.org.np/home.

振兴和加强菲律宾本土粮食体系

Alcantara, M.L. 2017. *PH benefits from rising European demand for organic products* [online]. [Cited 16 July 2020]. INQUIRER.net.

AgroEcology Fund. 2016. *Agroecology is the heritage and tradition of Indigenous people* [online]. [Cited 16 July 2020] www.agro-ecologyfund.org.

Campbell, M. 2020. *The health benefits of muscovado sugar.* [online]. [Cited 16 July 2020] livestrong.com.

Ebreo, B.M. 2018. *Farmers urged to increase organic food production.* Philippine Information Agency [online]. Manila. [Cited 16 July 2020] https://pia.gov.ph/news/articles/1009650.

Einbinder, N. & Morales, H. 2019. Why traditional knowledge is the key to sustainable agriculture. [online]. *Eco Business* [Cited 11 July 2020] https://www.eco-business.com/opinion/why-traditional-knowledge-is-the-key-to-sustainable-agriculture/.

Northern Arizona University. 2019. *Combining western science, indigenous knowledge offers new approach to help forests adapt to new conditions.* [online]. Flagstaff. [Cited 16 July 2020] https://news.nau.edu/yazzie-climatechange/#.YAmgIehKhPZ.

PAN North America. 2020 [online]. Berkeley. [Cited 16 July 2020] www.panna.org.

Popp, J. 2018. How indigenous knowledge advances modern science and technology. *The*

Conversation. [online] [Cited 16 July 2020] https://theconversation.com/how-indigenous-knowledge-advances-modern-science-and-technology-89351.

SRI International Network and Resource Center. The Systems of rice intensification. [online] Cornell University, College of Agriculture and Life Sciences, USA. [Cited 16 July 2020] http://sri.ciifad.cornell.edu/.

Toungos, M. 2018. System of rice intensification: A review. *International Journal of Innovative Agriculture & Biology Research*, 6(2):27-38, April-June (also available at https://www.researchgate.net/publication/326259150_System_of_Rice_Intensification_A_Review).

UNCTAD. 2018. *Promoting indigenous knowledge for community resilience*. [online]. Geneva. [Cited 16 July 2020] https://unctad.org/system/files/non-official-document/CSTD2018_p03_NethDano_en.pdf.

Victoria Tauli-Corpuz. 2017 . *Agroecology for sustainable food systems: A perspective from indigenous peoples*. G-STIC – Technological Solutions for SDGs, Brussels, 23-25 October 2017. unsr.vtaulicorpuz.org.

瑞士山区的气候智能型乳制品生产

Aaremilch. 2020 [online]. Lyss. [Cited 16 July 2020]. (In German) https://cutt.ly/bkjz1XB.

Federal Office of Agriculture (FOAG). 2011. *Klimastrategie Landwirtschaft* (in German). www.blw.admin.ch/blw/de/home/nachhaltige-produktion/umwelt/klima.html.

Federal Office for the Environment (FOEN). 2018. *Greenhouse gas inventory*. www.bafu.admin.ch/bafu/en/home/topics/climate/state/data/greenhouse-gas-inventory.html.

International Dairy Federation. 2015. A common carbon footprint approach for the dairy sector. *IDF Bulletin* 479/2015. [online] [Cited 16 July 2020] www.fil-idf.org/wp-content/uploads/2016/09/Bulletin479-2015_A-common-carbonfootprint-approach-for-the-dairy-sector.CAT.pdf.

有机农业为坦桑尼亚利文斯敦山脉注入新活力

Obrecht, M. & Denac, M. 2011. Biogas – a sustainable energy source: New possibilities and measures for Slovenia. *Journal of Energy Technology*, (5): 11–24.

Whiting, A. & Azapagic, A. 2014. Life cycle environmental impacts of generating electricity and heat from biogas produced by anaerobic digestion. *Energy*, 70: 181–193. www.sciencedirect.com/science/article/pii/S0360544214003673.

4 为产品增加价值的循环和共享经济

山地循环经济

The Ellen MacArthur Foundation. 2013. *Towards the circular economy*, Volume 1.A. www.ellenmacarthurfoundation.org/assets/downloads/publications/Ellen-MacArthur-Foundation-Towards-the-Circular-Economy-vol.1.pdf.

Whitaker S. 2017. *Innovation and circular economy in the mountain forest supply chain: How to close the loop?* Euromontana study, www.euromontana.org/wp-content /uploads/2017/03/ Innovation-and-Circular-Economy-in-the-Mountain-Forest-Supply-Chain_FINAL.pdf.

参与式保障体系：山地可持续发展的工具

IFOAM. 2014. *Global study on interactions between social processes and participatory guarantee systems.* [online] Bonn [Cited 16 July 2020] www.ifoam.bio/sites/default/files/global_study_ on_interactions_between_social_processes_and_ participatory_guarantee_systems.pdf.

IFOAM. 2016. *Nutrition in mountain agro-ecosystems* - NMA [online] Bonn [Cited 16 July 2020] https://www.ifoam.bio/our-work/how/facilitating-organic/nutrition-mountain-agro.

IFOAM. 2020. IFOAM [online] Bonn [Cited 16 July 2020] https://pgs.ifoam.bio/.

多民族玻利维亚国拉巴斯市海拔 3 900 米的城市农业生态学

Shake your city. 2019. Fundación Alternativas. [online] La Paz [Cited 16 July 2020] https://www.shycproject.com/fundacion-alternativas-la-paz/.

FAO, IFAD, UNICEF, WFP & WHO. 2017. *The State of Food Security and Nutrition in the World 2017: Building resilience for peace and food security.* Rome, FAO. www.fao.org/3/ a-I7695e.pdf.

FAO. 2019d. *The State of Food and Agriculture.* www.fao.org/state-of-food-agriculture/en/.

Fundación Alternativas. 2020. [online] La Paz. [Cited 16 July 2020] https://alternativascc.org/.

Build Projects. 2019. Agriculture and Food in: Build Projects [online] Paris [Cited 16 July 2020] http://build-projects.org/alternativas/?fbclid=IwAR3U9XxuSLyKyfHyXOg-xxMxpA_Gicmt_ pc4iLxqekqW9lxoyaNadezdC-4.

Pérez, W. 2017. Cuatro de cada 10 bolivianos tienen sobrepeso u obesidad. Periódico *La Razón Digital.* Bolivia. http://elchacoinforma.com/cuatro-de-cada-10-bolivianos-tienen-sobrepeso-u-obesidad/.

Rivera, M. 2018. *Estudio de Investigación: Impactos del Huerto Orgánico Lak'a Uta 2018.* Fundación Alternativas. Bolivia. Documento Interno Institucional. www.alternativascc.org.

印度喜马拉雅山小农户小而美的参与式保障体系

Gupta, A. 2015 *Participatory Guarantee System (PGS) for NTFPs measurement and management - Complexities and opportunities.* XIV World Forestry Congress. http://foris.fao.org/wfc2015/api/ file/552d4dd39e00c2f116f8e54f/contents/1180e1cc-f362-4bc2-a94d-2b367c600c7a.pdf.

Gupta, A. 2016. *Chapter 7, Participatory Guarantee Systems: The case of smallholders in Indian markets, Innovative markets for sustainable agriculture.* FAO. http://www.fao.org/3/br441e/ br441e.pdf.

Gupta, A. 2017. *PGS – Enabling organic production system for small holders, 52 profiles on agroecology.* http://www.fao.org/3/br441e/br441e.pdf.

IFOAM – Organics International and World Future Council. 2019. The Mainstreaming of Organic Agriculture and Agroecology in the Himalaya Region. Policy Contexts in Bhutan, India and Nepal. Germany. https://www.worldfuturecouncil.org/the-mainstreaming-of-organic-agriculture-and-agroecology/.

本土作物和野生可食用作物保障了印度的粮食安全

Dhyani, D., Maikhuri, R.K., Mishra, S. & Rao, K.S. 2010. Endorsing the declining indigenous ethnobotanical knowledge system of Seabuckthorn in Central Hima/aya, India. *Journal of Ethnopharmacology*, 127(2): 329–334. www.sciencedirect.com/science/article/pii/S0378874109006941?via%3Dihub.

Dhyani, S., Maikhuri, R.K. & Dhyani, D. 2013. Utility of fodder banks for reducing women drudgery and anthropogenic pressure from forests of Central Himalaya. *National Academy Science Letters*, 36(4): 453–460. http://link.springer.com/10.1007/s40009-013-0143-1.

Dhyani, D. 2014. *Conserving Lesser Known Wild Edible Biodiversity and Indigenous Traditional Knowledge of Locals in North Western Himalayas, India*. The Fufford Foundation. [online]. [Cited 20 July 2020]. https://www.rufford.org/projects/deepak-dhyani.

Dhyani, S. 2014. *Let us understand and conserve lesser known wild edible diversity*. F@rmletter. The E-magazine of the World's Farmers plant breeding and Biodiversity. Issue N°37. World Farmers' Organization Rome, pp. 6. https://ypard.net/resources/wfo-newsletter-june-2014-plant-breeding-and-biodiversity.

Dhyani, S. 2015. *Mighty twelve crops reducing disaster risk and women drudgery*. F@rmletter. The E-magazine of the World's Farmers plant breeding and Biodiversity. Issue N°28. World Farmers' Organization, Rome, pp. 14–15. https://asia.ypard.net/resources/wfo-newsletter-march-2015-disaster-risk-reduction-agriculture.

Misra, S., Maikhuri, R., Kala, C., Rao, K.S. & Saxena K.G. 2008. Wild leafy vegetables: A study of their subsistence dietetic support to the inhabitants of Nanda Devi Biosphere Reserve, India. *Journal of Ethnobiology and Ethnomedicine*, (4): 15. doi:10.1186/1746-4269-4-15.

Misra, S., Dhyani, D. & Maikhuri, R.K. 2008. Sequestering carbon through indigenous agriculture practices. *LEISA INDIA*, 10(4): 21–22. https://issuu.com/leisaindia/docs/pages_1-36-june_2011.

Misra, S., Maikhuri, R.K. & Dhyani, D. 2008. Indigenous soil management to revive below ground biodiversity - Case of Garhwal. *LEISA INDIA,* pp 13.

从供应链到社区——意大利山区农民的参与式保障体系

EcorNaturaSì. 2020 [online] San Vendemiano. [Cited 16 July 2020] https://www.ecornaturasi.it/en.

吉尔吉斯斯坦有机社区

AgroEcology Fund. 2020. Farmers in Development, Federation of Organic Development «Bio-

KG» In: *Agroecology Fund* [online]. [Cited 20 July 2020] https://bit.ly/2lX8OLE.

Development of organic agriculture in Central Asia. Proceedings of the International Conference held during 22–42 August 2017, Uzbekistan. FAO. 2018, ISBN 978-92-5-130376-4, www.fao.org/publications/card/en/c/I8685EN/.

IFOAM. 2020. Participatory Guarantee Systems. In: *IFOAM* [online] Bonn [Cited 16 July 2020] https://www.ifoam.bio/our-work/how/standards-certification/participatory-guarantee-systems.

IFOAM. 2020. PGS Frequently Asked Questions. In: *IFOAM* [online] Bonn [Cited 16 July 2020] https://www.ifoam.bio/our-work/how/standards-certification/participatory-guarantee-systems/pgs-faqs.

Organic Kyrgyzstan, BIO-KG Federation of Organic Development. 2016. https://bit.ly/2kxZRrW.

Organic Kyrgyzstan, BIO-KG Federation of Organic Development. 2018. *PGS: Alternative or demand?* https://bit.ly/2kxflMP.

农贸市场在利马建立共享经济

Agroferias Campesinas. 2020. Facebook page. [online] Bonn [Cited 16 July 2020] https://www.facebook.com/agroferiasperu/.

IDMA. 2018. *¿ómo enfrentamos el cambio climático? Medidas adaptativas frente al cambio climático en microcuencas alto Andinas de Apurímac, Peru.* Abancay, Peru.

CAP. 2019. Estudio de demanda de alimentos saludables en Lima, Peru. In: *CAP* [online] Lima [Cited 16 July 2020] http://consorcioagroecologico.pe/documentos-master/#.

FAO. 2018c. *Transforming food and agriculture to achieve the SDGs.* Rome. www.fao.org/3/I9900EN/i9900en.pdf.

5　通过建立联盟加强当地社区倡议

山区家庭农业：经济效应、环境效应、社会效益和文化效益协同发展的地方

FAO & IFAD. 2019. United Nations Decade of Family Farming 2019–2028. Global Action Plan. Rome. www.fao.org/3/ca4672en/ca4672en.pdf.

中国云南用人类植物学优化农林复合种植

Bukomeko, H., Jassogne, L., Tumwebaze, S.B., Eilu, G. & Vaast, P. 2019. Integrating local knowledge with tree diversity analyses to optimize on-farm tree species composition for ecosystem service delivery in coffee agroforestry systems of Uganda. *Agroforestry Systems*, 93(2): 755–770.

Garcia, C.A., Bhagwat, S.A., Ghazoul, J., Nath, C.D., Nanaya, K.M., Kushalappa, C.G., Raghuramulu, Y., Nasi, R. & Vaast, P. 2010. Biodiversity conservation in agricultural landscapes: Challenges and opportunities of coffee agroforests in the western Ghats, India.

Conservation Biology, 24(2): 479–488.

Rigal, C., Vaast, P. & Xu, J. 2018. Using farmers' local knowledge of tree provision of ecosystem services to strengthen the emergence of coffee-agroforestry landscapes in southwest China. *PLOS ONE*, 13(9): e0204046.

Rigal, C., Xu, J. & Vaast , P. 2019. Young shade trees improve soil quality in intensively managed coffee systems recently converted to agroforestry in Yunnan Province, China. *Plant and Soil,* 453: 119–137.

Rigal, C., Xu, J., Hu, G., Qiu, M. & Vaast, P. 2020. Coffee production during the transition period from monoculture to agroforestry systems in near optimal growing conditions, in Yunnan Province. *Agricultural Systems*, 177: 102696.

Van der Wolf, J., Jassogne, L., Gram, G. & Vaast, P. 2016. Turning local knowledge on agroforestry into an online decision-support tool for tree selection in smallholders' farms. *Experimental Agriculture*, 1(S1): 1–17.

Wagner, S., Rigal, C., Liebig, T., Mremi, R., Hemp, A., Jones, M., Price, E. & Preziosi, R. 2019. Ecosystem services and importance of common tree species in coffee-agroforestry systems: Local knowledge of small-scale farmers at Mt. Kilimanjaro, Tanzania. *Forests*, 10(11): 963.

Zhao, Q.Y., Xiong, W., Xing, Y.Z., Sun, Y., Lin, X.J. & Dong, Y.P. 2018. Long-term coffee monoculture alters soil chemical properties and microbial communities. *Scientific Reports*, 8: 11.

尼泊尔大黑豆蔻的农业生态恢复力实践

International Centre for Integrated Mountain Development (ICIMOD). 2016. The large cardamom revival. ICIMOD documentary, Kathmandu: www.youtube.com/watch?v= Z574tkxU4qQ.

Sharma, G., Joshi, S.R., Gurung, M.B. & Chilwal, H.C. 2017. *Package of practices for promoting climate resilient cardamom value chains in Nepal*. ICIMOD manual 2017/3. Kathmandu: https://lib.icimod.org/record/32534.

Thapa, S., Poudel, S., Aryal, K., Kandel, P., Uddin, K., Karki, S., Sharma, B. & Chettri, N. 2018. *A multidimensional assessment of ecosystems and ecosystem services in Taplejung, Nepal.* ICIMOD Working Paper 2018/6. Kathmandu: https://lib.icimod.org/record/33890.

栽培物种有助于保护喜马拉雅高山社区的野生植物资源

Taber, A & Pradhan, M.S. 2014. High poverty: Medicinal plants offer way forward for Nepal's Mountain Communities. *New Security Beat*. [online] [Cited 16 July 2020] https://www.newsecuritybeat.org/2014/09/high-poverty-medicinal-plant-cultivation-offers-nepals-mountain-communities/.

The Mountain Institute. 2019 [online] Medicinal and Aromatic Plants Program brochure. [Cited 16 July 2020] http://mountain.org/wp-content/uploads/TMIMAPs-Brochure_Web_Email_

single-pg-layout.pdf.

来自农场和森林的食物，以冈仁波齐神山景观为案例

Aryal, K., Poudel, S., Chaudhary, R.P., Chettri, N., Ning, W., Shaoliang, Y. & Kotru, R. 2017. Conservation and management practices of traditional crop genetic diversity by the farmers: a case from Kailash Sacred Landscape, Nepal. *Journal of Agriculture and Environment*, 18: 15–28. www.nepjol.info/index.php/AEJ/article/view/19886.

Aryal, K.P., Poudel, S., Chaudhary, R.P., Chettri, N., Chaudhary, P., Ning, W. & Kotru, R. 2018. Diversity and use of wild and non-cultivated edible plants in the Western Himalaya. *Journal of Ethnobiology and Ethnomedicine*, 14 (1): 10. https://ethnobiomed.biomedcentral.com/articles/10.1186/s13002-018-0211-1.

Government of Nepal, National Planning Commission and United Nations Development Programme. 2014. *Nepal Human Development Report 2014: Beyond geography, unlocking human potential.* Government of Nepal, National Planning Commission and United Nations Development Programme, Kathmandu.

为山脉注入活力——用太阳能种植尼泊尔有机苹果

Central Bureau of Statistics. 2017. National Climate Change Impact Survey 2016. A Statistical Report., Kathmandu.

Gentle, P. & Maraseni, T.N. 2012. Climate change, poverty and livelihoods: Adaptation practices by rural mountain communities in Nepal. *Environmental Science and Policy*, (Vol. 21).

Subedi, A. 2019. In rural Nepal, solar irrigation helps keep families together. *Reuters* [online]. [Cited 16 July 2020]. https://www.reuters.com/article/idUSL5N20O316 6 MIN READ https://www.reuters.com/article/idUSL5N20O316.

Spotlight. 2019. BICAS Transforming Livelihood. *Spotlight.* [online]. [Cited 16 July 2020] https://www.spotlightnepal.com/2019/02/10/bicas-transforming-livelihood/.

Rural Access Programme. 2019. District web pages. *RAP 3* [online]. [Cited 16 July 2020] http://archive.rapnepal.com/district-web-pages.

有机家庭农业有助于保护巴拿马水域

Darghouth, S., Ward, C., Gambarelli, G., Styger, E. & Roux, J. 2008. *Watershed management approaches, policies, and operations: Lessons for scaling up.* Water Sector Board Discussion Paper Series No. 11. Washington, DC, World Bank.

Echenique, J. 2006. *Caracterización de la agricultura familiar*, Reporte preparado para: Oficina Regional de FAO para América Latina y el Caribe y el Banco Interamericano del Desarrollo (BID) Proyecto GCP–RLA–152–IA. Bloque Comercio FAO/BID. Enero.

Estrada-Carmona, N., Hart, A.K., DeClerck, F.A.J., Harvey, C.A. & Milder, J.C. 2014. Integrated landscape management for agriculture, rural livelihoods, and ecosystem conservation:

An assessment of experience from Latin America and the Caribbean. *Landscape and Urban Planning,* 129: 1–11.

Intergovernmental Panel on Climate Change (IPCC). Climate change 2014: Impacts, adaptation, and vulnerability. Part A: Global and sectoral aspects. Contribution of Working Group II to the Fifth Assessment Report of the Intergovernmental Panel on Climate Change, ed. C.B. Field, V.R. Barros, D.J. Dokken, K.J. Mach, M.D. Mastrandrea, T.E. Bilir, M. Chatterjee *et al*. Cambridge, UK & New York, USA, Cambridge University Press.

Liniger, H.P., Mekdaschi Studer, R., Moll, P. & Zander, U. 2017. *Making sense of research for sustainable land management.* Bern, Switzerland & Leipzig, Germany, Centre for Development and Environment, University of Bern & Helmholtz-Centre for Environmental Research (UFZ).

Soto Baquero, F., Fazzone, M. & Falconi, C., eds. 2007. *Políticas para la agricultura familiar en América Latina y el Caribe*, Oficina regional de la FAO para América Latina. Banco Interamericano de Desarrollo. Santiago.

Willemen, L., Kozar, R., Desalegn, A. & Buck, L.E. 2014. *Spatial planning and monitoring of landscape interventions: Maps to link people with their landscapes: a user's guide.* Washington, DC, EcoAgriculture Partners.

罗马尼亚的卡帕特绵羊项目——一切都从草地开始！

Carpat Sheep. 2019 [online]. Bern. [Cited 16 July 2020] http://www.carpatsheep.ro/.

Romontana. 2019. Sustainable agriculture models for the Romanian Mountain Area (2014 – 2016). *Romontana.* [online]. [Cited 16 July 2020] https://romontana.org/en/modele-agricole-sustenabile-pentru-zona-montana-a-romaniei-2014-2016-2/.

Swiss-Romanian Cooperation Programme. 2019. Sustainable agricultural models in the Romanian mountain area. [online]. Bern. [Cited 16 July 2020] http://elvetiaromania.ro/en/proiecte/sustainable-agricultural-models/.

智能和有机——瑞士山谷将未来押注于可持续区域发展

AlpFoodway. 2019. *Guidance Paper on the successful valorization of the Alpine Food Heritage.* [online] [Cited 16 July 2020] www.alpine-space.eu/projects/alpfoodway/project-results/wp2_o.t2.1_guidancepapertosuccessfullycommercializealpinefoodheritage.pdf.

Bonomi, A. & Masiero, R. 2015. *Dalla smart city alla smart land.* Marsilio, Venice.

Pola, A. 2019. 100% Valposchiavo: Un esempio di lungimiranza, Parte 1 & Parte 2. *Il Bernina*, 15 November. [online] [Cited 16 July 2020] https://ilbernina.ch/2019/11/15/100-bio-valposchiavo-un-esempio-di-lungimiranza-e-perseveranza-parte-1/.

https://ilbernina.ch/2019/11/16/100-bio-valposchiavo-un-esempio-di-lungimiranza-e-perseveranza-parte-2/.

Valposchiavo Tourismo. 2020. 100% Valposchiavo. [online]. *Valposchiavo* [Cited 16 July 2020] https://www.valposchiavo.ch/it/aziende-100-valposchiavo.

有机肉桂合作社在越南发现了人数上的优势

Asian Farmers Association. 2017. Discovering the fortune in cinnamon. *Viet Nam Farmers' Union* [online]. Quezon City. [Cited 16 July 2020] http://asianfarmers.org/wp-content / uploads/2017/06/Discovering-the-Fortune-in-Cinnamon-VNFU-Viet Nam.pdf.

Baoyenbai. 2017. Viet Nam Farmer's Union. [online]. [Cited 16 July 2020] http://baoyenbai.com. vn/12/174152/Hop_tac_xa_Que_hoi_Viet_Nam_Giam_xuat_tho_day_manh_che_bien.aspx.

Viet Nam Farmer's Union (VNFU). 2017. Producing organic cinnamon - a new direction for farmers in Dao Thinh commune, Tran Yen district, Yen Bai province [online]. Viet Nam Farmer's Union. [Cited 16 July 2020] http://Viet Namfarmerunion.vn/sitepages/news/1087/51508/ producing-organic-cinnamon-a-new-directionfor-farmers-in-dao-thinh-commune-tran-yen-district-yen-bai-province.

Viet Nam Farmer's Union (VNFU). 2018. M&L final report/ VNFU-FFF PMU [online]. [Cited 16 July 2020] www.fao.org/3/CA0519EN/ca0519en.pdf.

6　促进以人为本的方针，实现山区农业生态系统的包容性和可持续发展

认识文化和农业之间联系的价值

FAO. 2017. *Globally Important Agricultural Heritage Systems (GIAHS). Selection Criteria andActionPlan* [online].[Cited16July2020]. http://www.fao.org/fileadmin/templates/giahs_ assets/GIAHS_test/04_Become_a_GIAHS/02_Features_and_criteria/Criteria_and_Action_ Plan_for_home_page_for_Home_Page_Jan_1_2017.pdf.

FAO. 2020b. Food and Agriculture Organization of the United Nations [online]. Rome. [Cited 16 July 2020]. www.fao.org/giahs/en/.

FAO. 2020c. Accenting the culture in agriculture. In: *FAO Globally Important Agricultural Heritage Systems* [online]. Rome. [Cited 16 July 2020]. http://www.fao.org/in-action/accenting-the-culture-in-agriculture/en/.

可持续的野生植物采集——亚美尼亚山区农村变化的驱动力

FairCert. 2017. Organic certification wild harvest [online]. FairCert [Cited 16 July 2020] http:// www.faircert.com/organic-certification-wild-harvest.php.

IFOAM. 2020. Principles of organic agriculture. In: *IFOAM* [online] Bonn [Cited 16 July 2020] https://www.ifoam.bio/why-organic/shaping-agriculture/four-principles-organic.

International Trade Administration. 2019. Armenia - Country Commercial Guide [online]. International Trade Administration [Cited 16 July 2020] www.export.gov/article?id=Armenia-agribusiness.

Statistical Committee of the Republic of Armenia. *Armenia – Poverty snapshot over 2008-2018:* www.armstat.am/file/article/poverty_2019_english_2.pdf.

Yeritsyan, A., Urutyan, V. Tadevosyan, L. & Sahakyan, A. *Wild harvest value chain assessment* *report Armenia:* http://icare.am/Publications/Report_Wild_Harvest_Sector_Review_June2018.pdf.

玻利维亚生态系统保护的无刺蜂蜂蜜

Instituto Nacional de Innovacion Agropecuaria y Forestal. 2016. *Producción de miel de abeja (apis y melipónidos) como alternativa económica y de seguridad alimentaria para pequeños productores/as de comunidades de 2 Áreas Protegidas (ANMI EL PALMAR y PN ANMI Serranías del IÑAO) en los municipios de Presto, Villa Serrano y Monteagudo.* Lider.

Slow Food & IFAD. B*oas práticas para o bem-estar das abelhas nativas sem ferrão.* http://slowfoodbrasil.com/documentos/livro-abelhas-nativas-sem-ferrao.pdf.

改善摩洛哥水域生计的生物和防侵蚀措施

FAO. 2019e. Biological and anti-erosion measures to improve livelihoods in Morocco. In: *FAO Forestry Department* [online]. Rome. [Cited 16 July 2020] www.fao.org/forestry/459170a1924682697bc6caf9af29ec7ae3b44.pdf.

IRD. 2019. Agroforestry,water and soil fertility management in afrlcan tropical mountains [online]. Montpellier [Cited 16 July 2020]. http://horizon.documentation.ird.fr/exl-doc/pleins_textes/divers16-03/38123.pdf.

秘鲁马铃薯公园中由社区主导的保护工作

Argumedo, A. 2008. The Potato Park, Peru: Conserving agrobiodiversity in an Andean Indigenous Biocultural Heritage Area. In: T. Amend, J. Brown, A. Kothari, A. Phillips, & S. Stolton, eds. *Protected Landscapes and Agrobiodiversity Values,* Vol 1, Protected Landscapes and Seascapes, pp. 45–58. https://core.ac.uk/download/pdf/48023179.pdf#page=47.

Argumedo, A. & Yun Loong Wong, B. 2010. The *ayllu* system of the Potato Park (Peru). *In:* C. Bélair, K. Ichikawa, B.Y. L Wong & K.J. Mulongoy. *Sustainable use of biological diversity in socio-ecological production landscapes,* Technical Series no. 52, pp. 84–90. http://andes.center/wp-content/uploads/2018/07/cbd-ts-52-en.pdf#page=85.

Sayre, M., Stenner, T. & Argumedo, A. 2017. You can't grow potatoes in the sky: Building resilience in the face of climate change in the Potato Park of Cuzco, Peru. *Culture, Agriculture, Food and Environment,* 39(2): 100–108. http://andes.center/wp-content/uploads/2018/04/Sayre_et_al-2017-Culture_Agriculture_Food_and_Environment.pdf.

在葡萄牙的巴罗佐农林牧系统中农业传统得以延续

Chaves, D.V. 2016. *Terras de Barroso: Origens e características de uma região.* 280 pp: https://issuu.com/domingoschaves/docs/youblisher.com-1582471-terras_de_ba.

Costa, J.C., Aguiar, C., Capelo, J.H., Lousã, M. & Neto, C. 1998. *Biogeografia de Portugal Continental.* Quercetea. ISSN 0874-5250, pp. 5-56.

Fontes, A, Fonte, B. & Machado, A. 1972. *Usos e costumes de Barroso.* Edições Gutenberg,

Chaves. 190 pp.

塞拉利昂土地可持续利用的生态农业模式

AFSA. 2016. *Agroecology: The bold future of farming in Africa.* AFSA & TOAM. Dar es Salaam. ISBN 978-997689-8514. https://afsafrica.org/agro-ecology-the-bold-future-of-farming-in-africa/.

Third World Network & SOCLA. 2015. *Agroecology key concepts, principles and practices.* Penang, Malaysia.

United Nations Development Programme (UNDP). 2017. *Community approaches to sustainable land management and agroecology practices.* UNDP, GEF-SCP, New York, USA.

保护坦桑尼亚联合共和国乞力马扎罗山坡上的古老农林系统

Boerma, D., Banzi, F. & Mwaigomole, G. 2011. *Outstanding farming systems of global heritage importance in Tanzania.* Conference proceedings: International Forum on Globally Important Agricultural Heritage Systems (GIAHS) theme: Dialogue among agricultural civilizations. Beijing 9–12 June 2011, www.fao.org/3/ap208e/ap208e.pdf.

Fernandes, E.C.M., Oktingati, A. & Maghembe, J. 1985. *The Chagga home gardens: A multi-storeyed agro-forestry cropping system on Mt. Kilimanjaro, Northern Tanzania.* International Council for Research in Agroforestry (ICRAF), Nairobi. https://journals.sagepub.com/doi/pdf/10.1177/156482658500700311.

Hemp, C. & Hemp, A. 2008. *The Chagga homegardens on Kilimanjaro.* Conference Proceedings. http://environmentportal.in/files/The%20Chagga%20homegardens.pdf.

JICA. 1998. *Integrated agroecological research of the miombo woodlands in Tanzania.* Faculty of Agriculture, Sokoine University of Agriculture, Tanzania. Centre for African Area Studies, Kyoto University, Japan.

有机蔬菜生产促成了泰国山地部落的可持续生计

ACT Organic Company Limited. 2019. *Organic agriculture certification Thailand* (9 September 2010–30 September 2011) - (31 March 2019–31 March 2020). [online]. Bangkok. [Cited 16 July 2020] http://actorganic-cert.or.th/.

Baimai, V. 2010. *Biodiversity in Thailand.* [online]. [Cited 16 July 2020] www.royin.go.th/royin2014/upload/246/FileUpload/2560_7631.pdf.

Highland Research and Development Institute. 2012. *Annual report 2012.* Thailand.

Panyalue, A. 2017. *Annual report of research, 2017.* Highland Research and Development Institute (public organization), Thailand.

Royal Project Foundation. 2003. *Annual report of development section, 2003.* Royal Project Foundation, Thailand.

Royal Project Foundation. 2006. *Annual report of development section, 2006.* Royal Project Foundation, Thailand.

Royal Project Foundation. 2009. *Annual report of development section, 2009.* Royal Project Foundation, Thailand.

Royal Project Foundation. 2010. *Annual report of development section, 2010.* Royal Project Foundation, Thailand.

Royal Project Foundation. 2012. *Annual report of development section, 2012.* Royal Project Foundation, Thailand.

Royal Project Foundation. 2015. *Annual report of development section, 2015.* Royal Project Foundation, Thailand.

Royal Project Foundation. 2018. *Annual report of development section, 2018.* Royal Project Foundation, Thailand.

Thipan, S. 2018. *Effect of livelihood assets on farmers conversion to organic vegetable production under the promotion of Huai Som Poi Royal Project Development Center.* M.S. thesis, Chiang Mai University, Thailand.

7　山地农业的机会

Debarbieux, B., Oiry Varacca, M., Rudaz, G., Maselli, D., Kohler, T. & Jurek, M., eds. 2014. *Tourism in mountain regions: Hopes, fears and realities.* Sustainable Mountain Development Series. Geneva, UNIGE, CDE, SDC, pp. 108. (available at: www.eda.admin.ch/dam/deza/en/documents/themen/klimawandel/Tourism-in-Mountain-Regions_EN.pdf).

FAO. 2012. *Payment for Ecosystem Services.* (available at http://www.fao.org/3/ar584e/ar584e.pdf).

FAO. 2018a. *Future smart food. Rediscovering hidden treasures of neglected and underutilized species for Zero Hunger in Asia.* Executive summary, Bangkok, 36 pp. (available at www.fao.org/3/I8907EN/i8907en.pdf).

FAO. 2018b. Committee on agriculture. *Neglected and underutilized crops species.* Twenty-sixth Session Rome, 1–5 October 2018. (available at www.fao.org/3/mx479en/mx479en.pdf).

FAO. 2019b. *Mountain agriculture: Opportunities for harnessing Zero Hunger in Asia.* Bangkok, FAO. 322 pp. (available at www.fao.org/3/ca5561en/CA5561EN.pdf).

Foggin, J. M. 2020. Ecotourism: Purposefully bringing benefit for both people and nature. *Development Issues*, No. 2 (February 2020). Bishkek, Kyrgyz Republic, Plateau Perspectives.

Kohler, T., Balsiger, J., Rudaz, G., Debarbieux, B., Pratt, D.J. & Maselli, D., eds. 2015. *Green economy and institutions for sustainable mountain development: From Rio 1992 to Rio 2012 and beyond.* Bern, Switzerland, Centre for Development and Environment (CDE), Swiss Agency for Development and Cooperation (SDC), University of Geneva and Geographica Bernensia, 144 pp.

Spehn, E.M., Rudmann-Maurer, K., Köner, C. & Maselli, D., eds. 2010. *Mountain biodiversity and global change.* GMBA-DIVERSITAS, Basel, Media Works, Schopfheim, Germany, www.gmba.unibe.ch/.

United Nations Environment Programme (UNEP). 2007. *Tourism and mountains: A practical guide to managing the environment and social impacts of mountain tours.* https://wedocs.unep.org/handle/20.500.11822/7687.

United Nations Environment Programme (UNEP) & World Tourism Organization (UNWTO). 2005. *Making tourism more sustainable: A guide for policy makers.* Paris.

World Tourism Organization (UNWTO). 2018. *Sustainable mountain tourism – Opportunities for local communities.* UNWTO, Madrid. DOI: https://doi.org/10.18111/9789284420261.

Yanes *et al.* 2019. Community-based tourism in developing countries: A framework for policy evaluation. *Sustainability 2019*, 11: 2506. https://doi.org/10.3390/su11092506.

结论

Communiqué by IPES-Food. April 2020. Available at http://www.ipes-food.org/_img/upload/files/COVID-19_CommuniqueEN.pdf.

Jarvis, D.I., Hodgkin, T., Brown, A.H.D., Tuxill, J., López Noriega, I., Smale, M. & Sthapit, B. 2016. *Crop genetic diversity in the field and on the farm: Principles and applications in research practices.* New Haven, Connecticut, USA, Yale University Press, 416 pp. ISBN: 978-0-300-16112-0.

Mountain Partnership website news. 2020. *Mountain Partnership members react to COVID-19.* Available at : http://www.fao.org/mountain-partnership/news/news-detail/en/c/1272468/.

作者

1　山地农业系统对可持续发展的重要性

Rosalaura Romeo. Mountain Partnership Secretariat, Food and Agriculture Organization of the United Nations (FAO). Rome, Italy. rosalaura.romeo@fao.org.

Sara Manuelli. Mountain Partnership Secretariat, Food and Agriculture Organization of the United Nations (FAO). Rome, Italy. sara.manuelli@fao.org.

Michelle Geringer. Mountain Partnership Secretariat, Food and Agriculture Organization of the United Nations (FAO). Rome, Italy. michelle.geringer@fao.org.

Valeria Barchiesi. Mountain Partnership Secretariat, Food and Agriculture Organization of the United Nations (FAO). Rome, Italy. valeria.barchiesi@fao.org.

2　从山地可持续农业的经验中得到的主要启示

Rosalaura Romeo. Mountain Partnership Secretariat, Food and Agriculture Organization of the United Nations (FAO). Rome, Italy. rosalaura.romeo@fao.org.

Sara Manuelli. Mountain Partnership Secretariat, Food and Agriculture Organization of the United Nations (FAO). Rome, Italy. sara.manuelli@fao.org.

Michelle Geringer. Mountain Partnership Secretariat, Food and Agriculture Organization of the United Nations (FAO). Rome, Italy. michelle.geringer@fao.org.

Valeria Barchiesi. Mountain Partnership Secretariat, Food and Agriculture Organization of the United Nations (FAO). Rome, Italy. valeria.barchiesi@fao.org.

3　保护农业生物多样性及增强生态系统恢复力

生态农业作为保护农业生物多样性及增强生态系统恢复力的工具

Abram J. Bicksler. Agricultural Officer, Agroecology and Ecosystem Services Team of the Plant Production and Protection Division, Food and Agriculture Organization of the United Nations (FAO). Rome, Italy. abram.bicksler@fao.org.

Emma Siliprandi. Lead Focal Point for the Scaling up Agroecology Initiative, Food and Agriculture Organization of the United Nations (FAO). Rome, Italy. emma.siliprandi@fao.org.

意大利抵御拉蒙菜豆病毒维持产量并保护农业生物多样性

Tiziana Penco. President of Consorzio Tutela del Fagiolo Lamon e della Vallata Feltrina, Italy. info@fagiolodilamon.it.

Paolo Ermacora. Researcher at Università degli Studi di Udine, Italy. paolo.ermacora@uniud.it.

Carlo Murer. EcorNaturaSì, Italy. carlo.murer@ecornaturasi.it.

朴门永续农业复苏尼泊尔黑泽拉农场可持续农业

Bibek Dhital. HASERA Agriculture Research and Training Center. bibekdhital12@gmail.com.

尼泊尔气候适应型农业

Alessandra Nardi. Associazione per la Solidarietà Internazionale in Asia. a.nardi@asia-ngo.org.

振兴和加强菲律宾本土粮食体系

Florence Daguitan. Tebtebba, Indigenous Peoples' International Centre for Policy Research and Education. flor@tebtebba.org.

瑞士山区的气候智能型乳制品生产

Alexandra Rieder. Nestlé Suisse S.A. Alexandra.Rieder@ch.nestle.com.

Jan Grenz. Bern University of Applied Sciences, School of Agricultural, Forest and Food Sciences (HAFL). jan.grenz@bfh.ch.

Andreas Stäempfli. Aaremilch AG. andreas.staempfli@aaremilch.ch.

Beat Reidy. Bern University of Applied Sciences, School of Agricultural, Forest and Food Sciences (HAFL). beat.reidy@bfh.ch.

Tamara Köke. Bern University of Applied Sciences, School of Agricultural, Forest and Food Sciences (HAFL). tamara.koeke@bfh.ch.

Sebastian Ineichen. Bern University of Applied Sciences, School of Agricultural, Forest and Food Sciences (HAFL). sebastian.ineichen@bfh.ch.

有机农业为坦桑尼亚利文斯敦山脉注入新活力

Nehemiah Murusuri. National Coordinator, GEF Small Grants Program, Tanzania. nehemiah.murusuri@undp.org.

Wilbert Mtafya. Executive Director, HIMARU, Tanzania. mtafya05@gmail.com.

4 为产品增加价值的循环和共享经济

山地循环经济

参与式保障体系：山地可持续发展的工具

Patricia Flores. IFOAM-Organics International, p.flores@ifoam.bio.

多民族玻利维亚国拉巴斯市海拔 3 900 米的城市农业生态学

Johanna Jacobi. Centre for Development and Environment, University of Bern, Switzerland. johanna.jacobi@cde.unibe.ch.

María Teresa Nogales. Fundación Alternativas, Bolivia. mtnogales@alternativascc.org.

印度喜马拉雅山区小农户小而美的参与式保障体系

Ashish Gupta. Gram Disha Trust, India. graamdishaa@gmail.com.

本土作物和野生可食用作物保障了印度的粮食安全

Shalini Dhyani. Institution IUCN Commission on Ecosystems Management/CSIRNEERI, India. shalini3006@gmail.com.

Deepak Dhyani. COPAL NGO, India. drddhyani@gmail.com.

从供应链到社区——意大利山区农民的参与式保障体系

Carlo Murer. EcorNaturaSì, Italy. carlo.murer@ecornaturasi.it.

吉尔吉斯斯坦有机社区

Asan Alymkulov. BIO-KG Federation of Organic Development, Kyrgyzstan. alymkulov.asan@gmail.com.

农贸市场在利马建立共享经济

Liza Melina Meza Flores. Fondo de las Américas, Peru. lmeza@fondoamericas.org.pe; lizameflo@yahoo.com.

5 通过建立联盟加强当地社区倡议

山区家庭农业：经济效应、环境效应、社会效益和文化效益协同发展的地方

Svea Senesie. Forest and Farm Facility, Food and Agriculture Organization of the United Nations (FAO). Rome, Italy. svea.senesie@fao.org.

中国云南用人类植物学优化农林复合种植

Clément Rigal. Key Laboratory for Plant Diversity and Biogeography of East Asia, Kunming Institute of Botany, Chinese Academy of Sciences, Kunming, Yunnan, China. CIRAD, UMR SYSTEM, F-34398 Montpellier. SYSTEM, University of Montpellier, CIHEAM-IAMM, CIRAD, INRA, Montpellier SupAgro, France. clement.rigal@cirad.fr.

Jianchu Xu. Key Laboratory for Plant Diversity and Biogeography of East Asia, Kunming Institute of Botany, Chinese Academy of Sciences, Kunming, Yunnan. World Agroforestry (ICRAF), East and Central Asia Regional Office, Kunming, China.

Philippe Vaast. CIRAD, UMR Eco&Sols, University of Montpellier, Montpellier, France. World Agroforestry (ICRAF), Viet Nam Country Office, Southeast Asia Regional Program, Hanoi, Viet Nam.

尼泊尔大黑豆蔻的农业生态恢复力实践

Surendra Raj Joshi. International Centre for Integrated Mountain Development (ICIMOD). surendra.joshi@icimod.org.

Nakul Chettri. International Centre for Integrated Mountain Development (ICIMOD). nakul.chettri@icimod.org.

栽培物种有助于保护喜马拉雅高山社区的野生植物资源

Umesh Basnet. The Mountain Institute. ubasnet065@gmail.com.

Jesse Chapman-Bruschini. The Mountain Institute. jessebruschini@gmail.com.

Alisa Rai. The Mountain Institute. arai@mountain.org.

来自农场和森林的食物，以冈仁波齐神山景观为案例

Kamal Prasad Aryal. International Centre for Integrated Mountain Development (ICIMOD), Kathmandu, Nepal. Research Centre for Applied Science and Technology, Tribhuvan University, Kirtipur, Kathmandu, Nepal. kamal.aryal@icimod.org.

Ram Prasad Chaudhary. Research Centre for Applied Science and Technology, Tribhuvan University, Kirtipur, Kathmandu, Nepal. ram.chaudhary53@gmail.com.

Sushmita Poudel. University of California, Santa Cruz, USA. spoudel@ucsc.edu.

为山脉注入活力——用太阳能种植尼泊尔有机苹果

Menila Kharel. Knowledge Management Coordinator at Practical Action South Asia Regional Office, Nepal. menila.kharel@practicalaction.org.np.

Renuka Rai. Gender and Social Inclusion Specialist at Practical Action South Asia Regional Office, Nepal. Renuka.rai@practicalaction.org.np.

Pooja Sharma. Thematic lead-Energy at Practical Action South Asia Regional Office, Nepal. Pooja.sharma@practicalaction.org.np.

有机家庭农业有助于保护巴拿马水域

Alberto Pascual. Fundación CoMunidad, Panama. apascual@mail.com.

罗马尼亚的卡帕特绵羊项目——一切都从草地开始！

Andrei Coca. Romontana Association, Romania. andrei@romontana.org.

Ioan Agapi. Mountain Farmer's Federation "Dorna", Romania. ioanagapi@yahoo.com.

Peter Niederer. Swiss Centre for Mountain Regions, Switzerland. peter.niederer@sab.ch.

智能和有机——瑞士山谷将未来押注于可持续区域发展

Cassiano Luminati. Polo Poschiavo, Switzerland cassiano.luminati@polo-poschiavo.ch.

Diego Rinallo. KEDGE Business School. Italy. diego.rinallo@kedgebs.com.

有机肉桂合作社在越南发现了人数上的优势

Vu Le Y Voan. Senior advisor of FFF in Viet Nam with Viet Nam Farmers' Union, Viet Nam. voanvnfu@yahoo.com.

Pham Tai Thang. National Facilitator of FFF, Viet Nam. phamtaithang@gmail.com.

6 促进以人为本的方针，实现山地农业生态系统的包容性和可持续发展

认识文化和农业之间联系的价值

Clelia Maria Puzzo. Globally Important Agricultural Heritage Systems Secretariat.

Food and Agriculture Organization of the United Nations (FAO). Rome, Italy. CleliaMaria. Puzzo@fao.org.

可持续的野生植物采集——亚美尼亚山区农村变化的驱动力

Astghik Sahakyan. International Center for Agribusiness Research and Education (ICARE) Foundation. astghiksahakyan7@gmail.com.

玻利维亚生态系统保护的无刺蜂蜂蜜

Chiara Davico. Slow Food International. c.davico@slowfood.it.

改善摩洛哥水域生计的生物和防侵蚀措施

Malika Chkirni. Consultant, Participative and integrated watershed management for erosion control in Morocco, Food and Agriculture Organization of the United Nations (FAO), Representation of FAO, Morocco. chkirnifao@gmail.com; fao-ma@fao.org.

秘鲁马铃薯公园中由社区主导的保护工作

Nisreen Abo-Sido. Asociación ANDES, Peru. nabosido@wellesley.edu.

在葡萄牙的巴罗佐农林牧系统中农业传统得以延续

António M. Machado. ADRAT - Development Association of the Alto Tamega Region, Portugal. geral@adrat.pt.

塞拉利昂土地可持续利用的生态农业模式

Abdul Rahman Sannoh. UNDP GEF Small Grants Programme Sierra Leone. abdul.sannoh@undp.org.

保护坦桑尼亚共和国乞力马扎罗山坡上的古老农林系统

Firmat Martin Banzi. Ministry of Agriculture, Tanzania. f_banzi@yahoo.co.uk.

有机蔬菜生产促成了泰国山地部落的可持续生计

Pedcharada Yusuk. Highland Research and Development Institute (Public organization), Thailand. npedcharada@gmail.com.

Siriporn Thipan. Highland Research and Development Institute (Public organization), Thailand.

Bunpracha Thongchot. Royal Project Foundation, Thailand.

7　山地农业的机会

Rosalaura Romeo. Mountain Partnership Secretariat, Food and Agriculture Organization of the United Nations (FAO). Rome, Italy. rosalaura.romeo@fao.org.

Sara Manuelli. Mountain Partnership Secretariat, Food and Agriculture Organization of the United Nations (FAO). Rome, Italy. sara.manuelli@fao.org.

Michelle Geringer. Mountain Partnership Secretariat, Food and Agriculture Organization of the United Nations (FAO). Rome, Italy. michelle.geringer@fao.org.

Valeria Barchiesi. Mountain Partnership Secretariat, Food and Agriculture Organization of the United Nations (FAO). Rome, Italy. valeria.barchiesi@fao.org.

结论

Rosalaura Romeo. Mountain Partnership Secretariat, Food and Agriculture Organization of the United Nations (FAO). Rome, Italy. rosalaura.romeo@fao.org.

Sara Manuelli. Mountain Partnership Secretariat, Food and Agriculture Organization of the United Nations (FAO). Rome, Italy. sara.manuelli@fao.org.

Michelle Geringer. Mountain Partnership Secretariat, Food and Agriculture Organization of the United Nations (FAO). Rome, Italy. michelle.geringer@fao.org

Valeria Barchiesi. Mountain Partnership Secretariat, Food and Agriculture Organization of the United Nations (FAO). Rome, Italy. valeria.barchiesi@fao.org.

审核人

Abram J. Bicksler. Agricultural Officer, Agroecology and Ecosystem Services Team of the Plant Production and Protection Division, Food and Agriculture Organization of the United Nations (FAO). Rome, Italy. abram.bicksler@fao.org.

Mahmoud el Solh. Vice-Chairperson Committee of Food Security (CFS). M.Solh@CGIAR.org.

Surendra Raj Joshi. Programme Coordinator, ICIMOD. Surendra.Joshi@icimod.org.

Sam Kanyamibwa. Executive Director, Albertine Rift Conservation Society (ARCOS), Uganda. skanyamibwa@arcosnetwork.org.

Thomas Kohler. University of Bern, Centre for Development and Environment (CDE). Bern, Switzerland. thomas.kohler@cde.unibe.ch.

Xuan Li. Senior Policy Officer. Regional Initiative on Zero Hunger, Delivery Manager, Regional Office for Asia and the Pacific, Food and Agriculture Organization (FAO), Bangkok, Thailand. xuan.li@fao.org.

Françis Pythoud. Federal Office for Agriculture FOAG, Switzerland. francois. pythoud@blw. admin.ch.

Emma Siliprandi. Lead Focal Point for the Scaling up Agroecology Initiative, Food and Agriculture Organization of the United Nations (FAO). Rome, Italy. emma.siliprandi@fao.org.

图书在版编目（CIP）数据

山地耕作系统：未来的种子：可持续农业实践促进
有恢复力的山地生计／联合国粮食及农业组织编著；宋
雨星等译.—北京：中国农业出版社，2023.12
（FAO中文出版计划项目丛书）
ISBN 978-7-109-31859-5

Ⅰ.①山⋯　Ⅱ.①联⋯ ②宋⋯　Ⅲ.①山地—耕作制
度—研究　Ⅳ.①S344

中国国家版本馆CIP数据核字（2024）第075001号

著作权合同登记号：图字01-2023-3976号

山地耕作系统：未来的种子——可持续农业实践促进有恢复力的山地生计
SHANDI GENGZUO XITONG：WEILAI DE ZHONGZI——KECHIXU
NONGYE SHIJIAN CUJIN YOU HUIFULI DE SHANDI SHENGJI

中国农业出版社出版
地址：北京市朝阳区麦子店街18号楼
邮编：100125
责任编辑：郑　君　　文字编辑：李伊然
版式设计：王　晨　　责任校对：周丽芳
印刷：北京通州皇家印刷厂
版次：2023年12月第1版
印次：2023年12月北京第1次印刷
发行：新华书店北京发行所
开本：700mm×1000mm　1/16
印张：10
字数：190千字
定价：89.00元